KB154905

바리스타 첫걸음

BARISTA
COFFEE ROADMAP

바 리 스 타 커 피 로 드 맵

바리스타 첫걸음

BARISTA

COFFEE ROADMAP

바리스타 커피 로드맵

초판 발행 2024년 2월 15일

지은이 박미영
펴낸이 류원식
펴낸곳 교문사

편집팀장 성혜진 | **책임진행** 김성남 | **디자인 · 본문편집** 김도희

주소 10881, 경기도 파주시 문발로 116
대표전화 031-955-6111 | **팩스** 031-955-0955
홈페이지 www.gyomoon.com | **이메일** genie@gyomoon.com
등록번호 1968.10.28. 제406-2006-000035호

ISBN 978-89-363-2547-3 (93590)
정가 20,000원

저자와의 협의하에 인지를 생략합니다.
잘못된 책은 바꿔 드립니다.

바리스타 첫걸음

BARISTA COFFEE ROADMAP

바리스타 커피 로드맵

박미영 지음

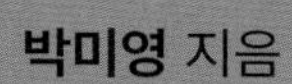

PREFACE

존경하는 커피 바리스타 여러분께,

커피는 우리 일상에서 빼놓을 수 없는 소중한 존재입니다. 제게도 커피는 특별함에서 일상으로 함께하고 있습니다. 이런 커피를 더욱 특별하게 만들어 주는 존재가 바로 커피 바리스타입니다.

이 교재는 바리스타로서의 첫걸음을 내딛는 입문자를 위한 내용부터 좀 더 커피를 공부하고 싶은 이들을 위한 심화 내용까지 이론을 쉽게 이해하고, 실무 능력을 습득할 수 있도록 체계적으로 구성하였습니다. 이 교재를 통해 커피의 다양한 매력과 바리스타의 멋을 전달하고, 자신만의 창조적인 아이디어를 발견하시길 희망합니다.

커피 산업은 발전합니다. 이에 맞춰 향후 새로운 정보와 다양한 의견을 수렴하여 지속적으로 발전하고, 탄탄한 내용으로 커피에 관한 지침서로서 역할을 충실히 다하도록 노력하겠습니다. 커피를 사랑하는 모든 분과 함께 일상에서의 특별한 커피를 나누는 기회가 되길 희망합니다.

이 책이 무사히 출간될 수 있도록 기회를 주신 교문사 대표님과 임직원 여러분, 편집에 심혈을 기울여 주신 편집팀과 디자인팀 여러분께 감사드립니다. 그리고 집필에 도움을 주신 에스프레소앤랩 이혜승 대표님과 사진 촬영 및 자료 제공을 해 주신 모든 분께 감사드립니다.

마지막으로, 이 교재가 여러분의 커피 바리스타로서의 성장과 성공에 도움이 되기를 진심으로 바랍니다. 여러분의 노력과 열정이 커피 전문가 세계로의 문을 열 수 있을 것입니다. 이 교재를 통해 빛나는 순간을 함께 나누기를 기대합니다.

감사합니다.

CONTENTS

Part 4 커피 기계 운용

Part 5 커피 로스팅

Part 6 커피 향미와 평가

Part 7 다양한 추출 기구와 방법

Part 8 원두 구매와 보관

Part 9 우유, 카페인, 디카페인

Part 10 위생과 매장관리

BARISTA COFFEE ROADMAP

PART 01

커피 식물학

PART

01

커피 식물학

1. 커피의 시작

커피가 문헌에 등장한 것은 900년경 아라비아의 의사 라제스Rhazes가 커피를 분나Bunna 또는 부나Buna로 기록한 것이 처음이었다. 당시 커피는 지금과 같이 음료로서가 아니라 약용이나 종교의식에 주로 사용되었다고 전해진다.

1) 커피의 어원과 설화

커피나무는 에티오피아의 카파Kaffa에서 처음 발견되었다고 한다. 서기 약 850년에 시작된 것으로 알려져 있으나 또 다른 주장으로는 중동의 예멘에서 시작되었다고도 한다. 이렇듯 인류가 언제부터 커피를 접했는지에 대한 정확한 기록은 없으나 재미있는 몇 가지 전설이 전해지고 있다.

(1) 커피의 어원

커피의 어원은 에티오피아 카파 지역에서 유래되었는데, 카파는 지금의 짐마 지역이다. 커피는 나라마다 불리는 명칭이 다른데 커피가 발견된 에티오피아에서는 분나 또는 부나로, 아라비아에서는 와인의 아랍어인 카와Qahwa로, 터키에서는 카흐베Kahve(또는 카붸)로, 유럽에 건너가 프랑스에서는 카페Café로, 이탈리아에서는 카페Caffé, 독일에서는 카페Kaffee, 영국에서는 우리와 같이 커피Coffee로 불리고 있다.

(2) 커피의 설화

첫 번째로는 염소치기 칼디의 전설이 있고, 두 번째로는 셰이크 오마르 설화가 가장 유명하다. 그 외에도 마호메트와 천사 가브리엘의 전설 등이 있다.

① 칼디Kaldi 설화

11세기경 에티오피아 남서쪽 고원지대인 아비시니아Abyssinia(에티오피아의 옛 지명) 지역에서 처음 전해 내려온 설로, 커피 설화 중 가장 유명하고 오랫동안 전해져 왔다.

칼디라는 목동이 산에 올라갔던 염소들이 주변에 있던 빨간 열매를 먹고 밤이 되어도 지치지 않고 잠도 자지 않고 밤새 노는 것을 보았다. 칼디가 그 열매를 따 먹어 보았더니 피곤함이 가시고 정신이 맑아지며 기분도 좋아지는 경험을 하게 되어 마을의 이슬람 수도원장에게 가져갔으나 원장은 열매를 모두 불에 태워버렸다. 이때 불에 타고 있던 열매들이 좋은 향을 퍼트리자 불 속에 남아 있던 커피콩을 가져다 물에 타 마셨다. 다른 수도자들도 피곤함을 몰아내려고 직접 빨간 열매를 길러 물에 섞어 마시기 시작하면서 커피 음료가 탄생했다고 전해지는데, 이 설도 다양하게 전해지고 있다.

② 셰이크 오마르Sheik Omar 설화

아라비아의 모카, 지금의 북예멘 지역에 전해지는 설로 이슬람교의 사제였던 오마르라는 사람이 있었다. 기도와 약으로 병자를 치료하는 능력이 있었던 오마르는 추방당해 죽을 위기에 몰렸다. 먹을 것을 찾아 산속을 헤매던 오마르는 근처 붉은 열매로 허기를 채우기 시작했다. 열매가 너무 써서 불에 구웠으나 너무 딱딱해져서 뜨거운 물에 우려서 먹었다고 한다. 신기하게도 그 열매를 먹고 피곤이 가시고 기분도 좋아지는 것을 느꼈다. 이 '마법 같은 열매'에 대한 소문이 모카까지 퍼지게 되었고, 이 열매의 즙을 병든 사람들에게 주었더니 기적처럼 건강이 좋아졌다. 이후 왕으로부터 죄를 용서받아 모카로 돌아가서 승원을 짓고 성인으로까지 추앙받게 되었다고 전해진다.

2) 커피의 전파

커피나무는 해발 900~3,500 m 고산지대 에티오피아의 남서부 카파 지역에서 시작되었다고 전해진다. 아프리카에서 전 세계로 커피의 경작과 음용이 전파되기 시작했는데, 오늘날 수단에서 모카항을 통해 예멘과 아라비아로 온 노예들이 커피콩을 먹었다고 기록되어 있다.

커피의 전파

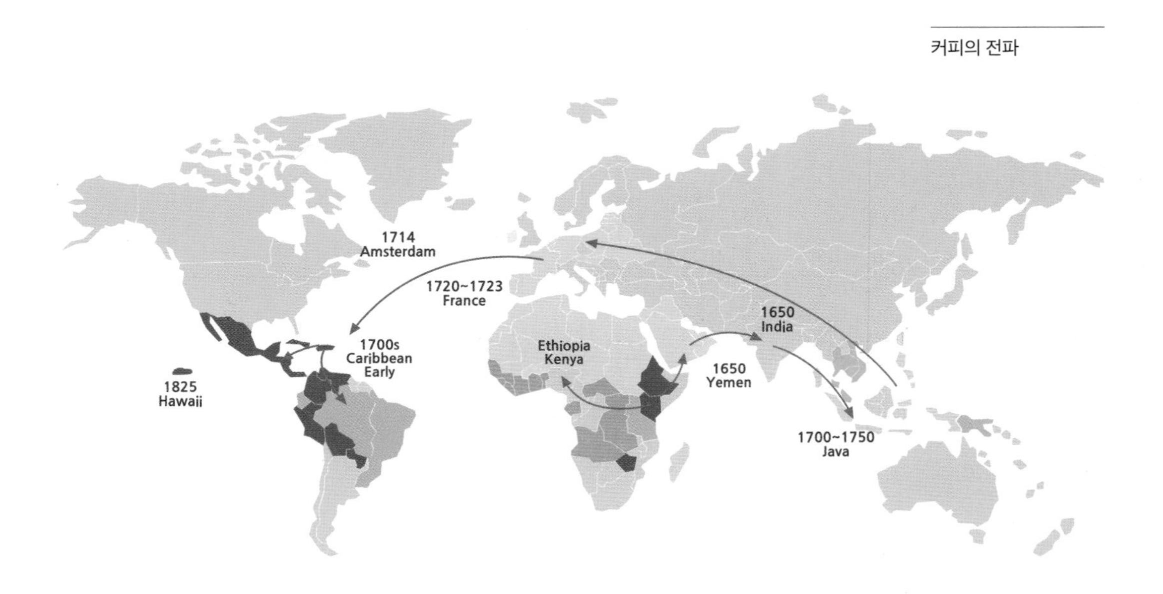

PLUS+ 더 알아보기

예멘에서 1,400년 무렵부터 커피를 음료로 마시기 시작했고, 대규모로 커피 경작이 이루어졌다고 알려졌으나 아마도 이보다 훨씬 전부터 경작되었을 것으로 보고 있다. 1517년 시리아 대상大商에 의해 지금의 이스탄불인 터키의 콘스탄티노플에 커피가 소개되어 주로 이슬람교도들이 마셨으며, 십자군 전쟁을 통해 유럽 전역으로 퍼지게 되었다.

커피는 초기에 약용이나 종교의식에 주로 이용했으나 당시 금주법으로 인해 술을 마시지 못했던 이슬람에서 술 대신에 커피를 마심으로써 음료로 점차 발전하여 이슬람의 포도주라고 불릴 만큼 인기가 높았다고 한다.

커피 재배는 이슬람에 의해 독점되었다가 1600년경 인도 출신의 이슬람 수도승 바바 부단Baba Budan이 인도의 마이소르Mysore 지역에 커피를 심어 퍼트렸다.

1616년에는 네덜란드인이 커피 묘목을 가져다가 네덜란드의 온실에서 재배했으며, 1600년 말에는 인도의 말라바Malabar와 인도네시아 자바섬에서 재배하기 시작했다.

1718년 수리남Surinam에 이어 프랑스령 기아나, 브라질에 이어 1730년 영국인에 의해 자메이카에 소개되어 현재 가장 유명하고 비싼 커피로 알려진 블루마운틴이 자라고 있다.

1720년 프랑스인인 가브리엘 드 클리유Gabriel de Clieu가 프랑스 식민지령인 카리브해 서인도 제도의 마르티니크Martinique에 커피 묘목을 가져가 재배했다고 알려져 있다.

2. 커피 식물과 재배

1) 커피나무Coffee Plant

커피나무는 꼭두서니Rubiaceae과의 코페아속으로 분류되는 다년생 쌍떡잎식물로, 열대성 상록교목에 속한다. 품종에 따라 나무의 키가 10 m 이상 자라기도 하나 대개 2~3 m 정도로 수확하기 편하게 관리한다. 3년 정도가 되면 정상적인 열매 수확이 가능하다.

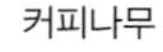
커피나무

꼭두서니과는 대부분 열대와 아열대에 분포하는 교목, 관목, 초본으로 350속 4,500종이며, 커피나무가 여기에 속한다. 꼭두서니과 식물의 특징은 잎이 마주 나거나 돌려 나는 한 장의 잎사귀로 가장자리는 밋밋하거나 톱니가 있다.

(1) 커피 꽃 Coffee Flower

커피나무를 심고 약 3년이 지나면 꽃이 피기 시작하고 이듬해부터 열매를 맺는다. 꽃은 흰색으로 크기는 약 2 cm 정도로 여러 개가 한꺼번에 뭉쳐서 핀다. 보통 한 개의 암술과 다섯 개의 수술로 되어 있다. 향은 재스민 향과 유사하고 대개 개화 후 2~3일이면 진다. 꽃잎의 장수는 아라비카종이 5장, 로부스타종은 5~7장으로 수정이 되면 갈색으로 변하고, 이틀 후 꽃이 지면서 씨방 부분이 발달하게 되어 열매를 맺는다.

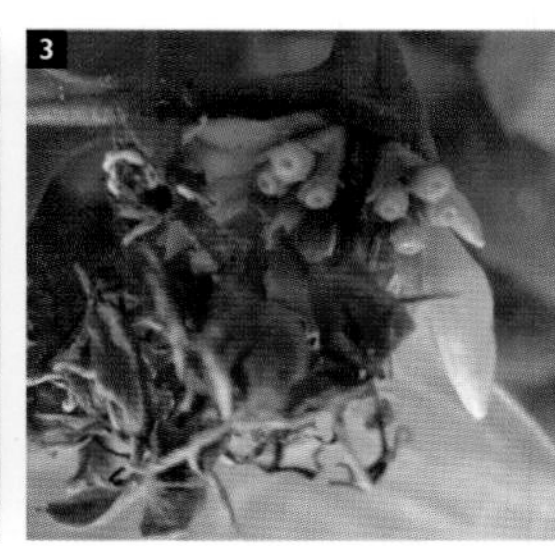

1 커피 꽃봉오리
2 활짝 핀 커피 꽃
3 진 커피 꽃

(2) 커피체리 Coffee Cherry

커피 꽃이 지고 꽃 아래 생긴 작은 녹색 열매가 점점 자라 15~18 mm 정도로 커지면서 수개월 동안 빨갛게 익게 되는데 이것을 커피체리라 부른다.

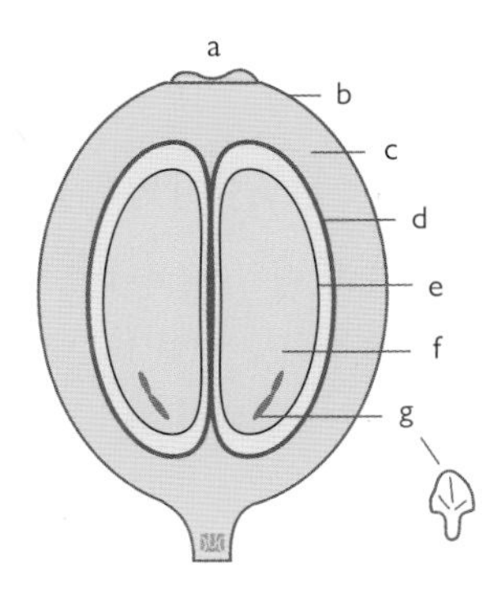

커피체리의
종단면과 횡단면
(Transverse and longitudinal
sections of coffee berry)

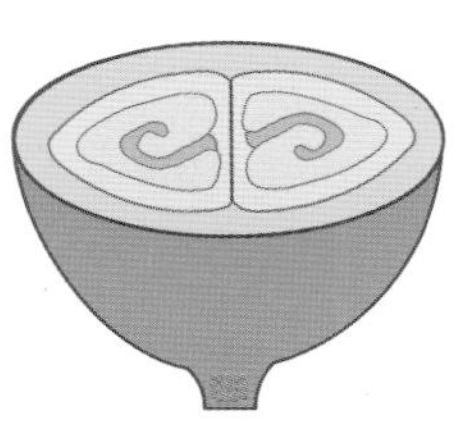

a. 디스크(Disk)
b. 껍질(Skin)
c. 펄프(Pulp) = 중과피(中果皮, Mesocarp)
d. 파치먼트(Parchement) = 내과피(內果皮, Endocarp)
e. 실버스킨(Silverskin)
f. 생두(Bean) = (내)배유, 배젖(Endosperm)
g. 배아(胚芽, Embryo)

커피체리 구조

A 꽃이 핀 이후 0~60일 정도 사이에 커피체리 껍질과 어린 배아 주머니가 배젖으로 성장하면서 외배유가 길어져 점점 타원형으로 성장한다.

B 꽃이 핀 후 90일 정도 된 미성숙 체리의 가로로 자른 단면에서 외과피와 액체 상태의 내배유의 세포 연장으로 후에 안쪽 외배유 조직을 흡수하면서 자라나 씨앗이 된다.

C 꽃이 핀 후 120~150일 정도 된 미성숙 체리의 가로로 자른 단면에서 바깥쪽 외배유가 내배유를 감싸고 안쪽으로 말려 들어가 있는 모습을 볼 수 있다.

D 꽃이 핀 후 230~240일 정도 된 성숙한 열매로 두 개의 마주 보고 있는 씨앗을 볼 수 있다. 아라비카종이 로부스타종에 비해 성숙 기간이 길다.

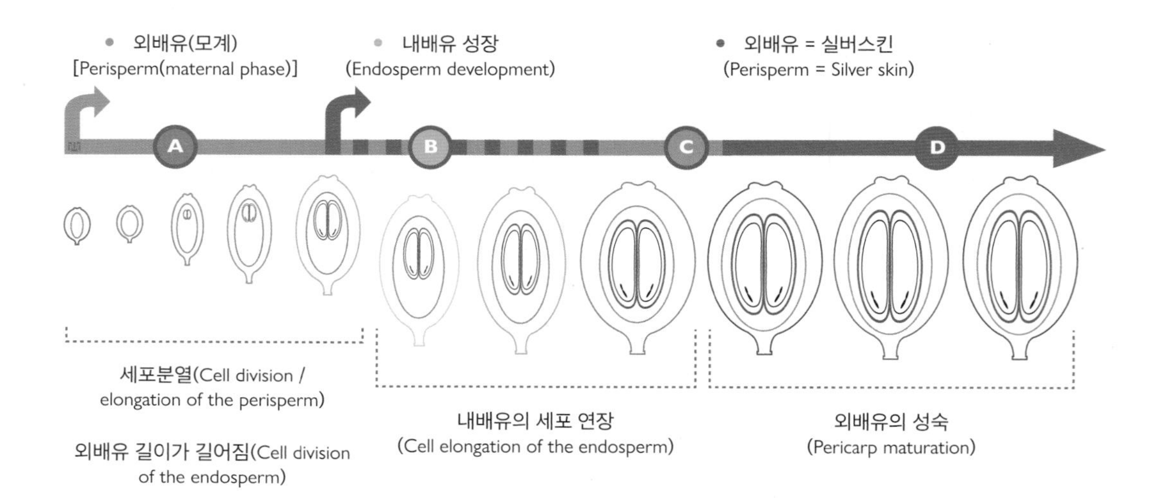

커피 열매의 성숙 중에 발생하는 조직의 변화

자료 : 커피 생두

보통은 녹색에서 빨간색으로 익어가는데 품종에 따라 녹색에서 노란색으로 익는 '옐로우 버번종'도 있다. 완전히 성숙한 과육에는 어느 정도 당도가 있으나 두께가

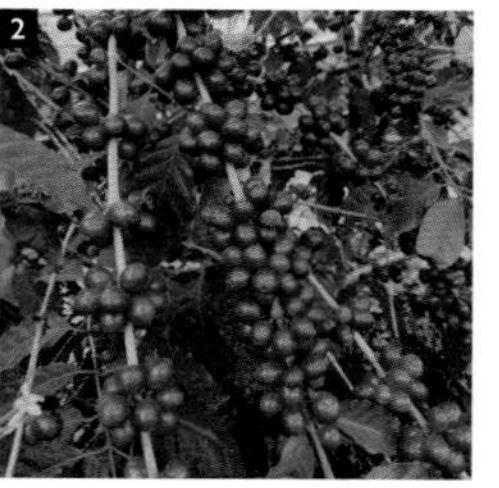

1 옐로우 버번

2 일반 커피체리

약 1~2 mm로 얇아 과육이라기보다는 껍질에 가까워서 과일로서의 의미는 없으나 껍질을 이용한 제품도 일부 생산하고 있다.

2) 커피 재배

(1) 커피 재배지역 : 커피존Coffee Zone, 커피벨트Coffee Belt

커피나무는 아열대 또는 열대 등의 따뜻한 지역에서 주로 재배된다. 주요 재배지역은 적도를 중심으로 북위 25도에서 남위 25도 사이인데 이를 커피벨트 또는 커피존이라 부른다. 현재는 기후변화로 약간의 변화가 있다.

커피 재배지역

(2) 커피 재배 조건

커피는 기후, 지형과 고도, 햇볕과 바람, 토양 등의 조건이 맞아야 재배할 수 있다. 특히 온도에 민감하며 반드시 서리가 내리지 않는 곳이어야 한다. 1년에 단 한 번이라도 서리가 내리면 냉해를 입어 죽게 된다.

① 기후

기후는 연평균 기온이 15~24℃ 정도이다. 이상 기온으로 온도가 30℃를 넘거나

방풍림과 셰이드 트리

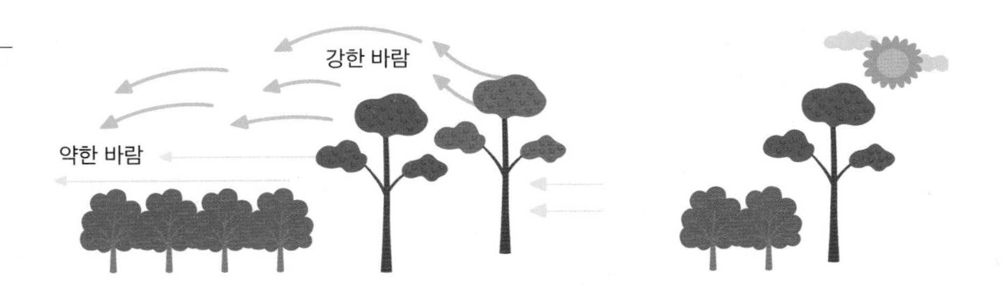

10℃ 이하로는 내려가지 않는 온화한 날씨가 좋다.

② 지형과 고도

평지나 약간 경사진 언덕으로 겉흙층이 깊고 물 보유 능력이 좋은 지역이 적합하다. 고지대에서 생산된 커피는 단단하고 밀도가 높으며, 향미가 풍부하고 맛이 좋으며 진한 청록색 빛을 띤다.

③ 햇볕과 바람

해가 종일 든다면 셰이드 트리Shade Tree를 이용해 그늘을 만들어 일조량을 조절할 수 있다. 바람이 강한 곳은 때에 따라 방풍림Wind Break을 조성하여 바람의 강도를 조정해 준다.

④ 토양

커피 경작에 적합한 토양은 용암, 응회암, 화산재 등으로, 배수가 잘되고 뿌리를 깊게 내릴 수 있는 연질의 약산성(pH 5~6)의 다공질 토양이 좋다. 또한 겉흙층이 깊고 투과성이 좋으며 물을 담을 수 있어야 한다.

(3) 커피의 번식Propagation

① 커피의 발아Germination

파종은 커피체리의 껍질을 벗겨낸 후 파치먼트 상태로 심는다. 모판에 심거나 비닐백Poly Bag을 이용해 심거나, 빠른 발아를 위해 심기 직전에 손으로 파치먼트를 까서 심기도 한다.

커피 발아

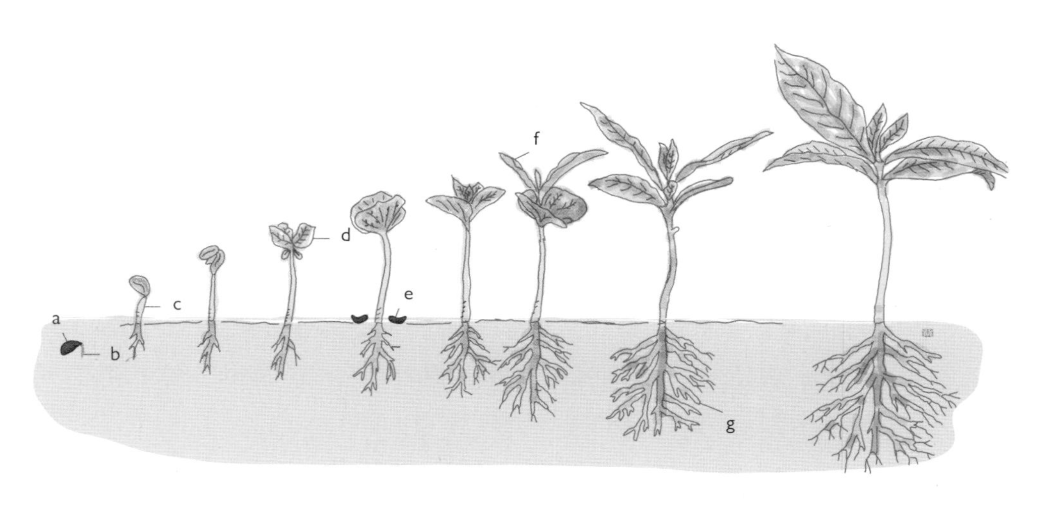

a. 씨앗(Seed)
b. 어린뿌리(Radicle)
c. 배축(Hypocotyl)
d. 떡잎(Cotyledon)
e. 씨앗 껍질
f. 새싹(Plumule)
g. 뿌리(Root)

커피나무 발아 과정

COMMENT

배축(Hypocotyl)

식물의 배(胚)에서 중심축을 이루고 있는 부분이다. 자라면서 줄기가 성장하는데 위쪽은 떡잎 부분과 어린싹으로, 아래쪽은 어린뿌리로 성장한다.

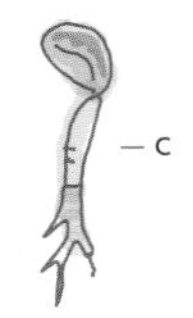

② 모판Nursery Bed

커피를 심어 묘목을 키우는 곳을 모판이라고 한다. 모판에 심으면 물 공급이 편리하고, 망으로 지붕을 만들어 귀뚜라미 같은 해충의 피해를 막는다.

모판

③ 이식Plantation

모판에서 키운 모종은 보통 우기雨期 전에 이식한다. 이식한 후 약 2년이 지나면 보통 1.5~2 m 정도까지 성장한다.

④ 가지치기Pruning

커피나무는 품종에 따라 10 m 이상 자라기도 하는데 관리와 수확이 쉽도록 보통 2~3 m 정도로 가지치기하여 관리한다. 가지가 많으면 영양분이 열매로 집중되지 못해 수확량이 줄기도 하므로 가지치기를 해야 한다.

(4) 커피나무 피해

최근 세계적으로 커피잎녹병과 커피열매병으로 많은 커피나무가 고사했다. 또한 여름철 이상 저온이나 일조량의 부족으로 농작물이 자라다가 입는 냉해 피해로 잎이 갈색으로 변하고 말라 죽기도 한다. 더욱이 심각한 환경문제로 가뭄과 산불, 홍수와 태풍 등의 이상 기후로 큰 피해를 입고 있다.

① 커피잎녹병CLR : Coffee Leaf Rust

커피잎녹병은 아라비카종에 치명적인 질병으로 헤마일리아 바스타트릭스Hemileia vastatrix라는 다세포 담자균 균류이다. 균사체는 노란색에서 주황색을 띠며, 가루처럼 보인다. 잎 밑면에 곰팡이 포자가 번식하면서 녹이 생긴 것처럼 색이 변하고 잎이 말라 죽는다. 전염성이 매우 높아 커피 농가의 '구제역'으로도 알려져 있다.

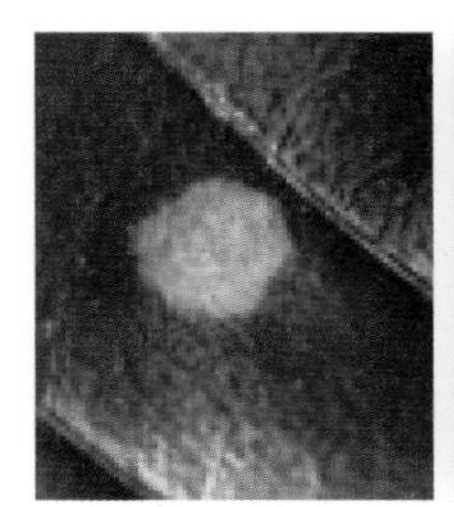
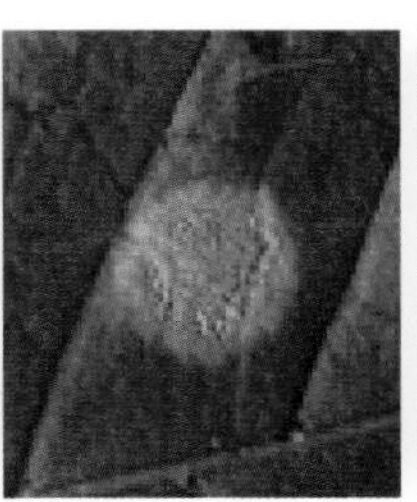
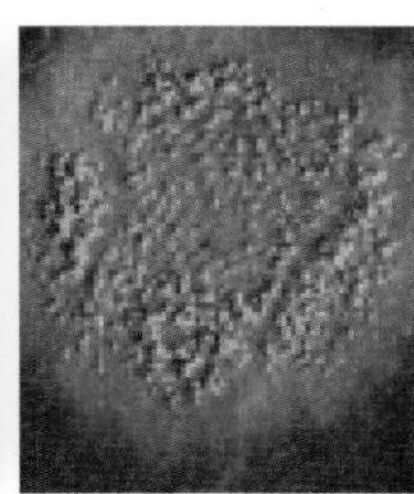
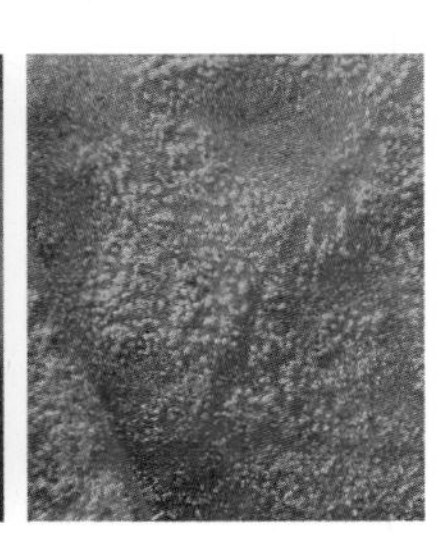

커피잎녹병

자료 : Wikipedia 사전

② **커피열매병**CBD : Coffee Berry Disease

콜레토트리쿰Colletotrichum coffeanum은 주로 아라비카종과 코페아속의 다른 종에 영향을 미치는 곰팡이 식물병원체의 일종으로 커피체리에 붙어 포자를 생성한다. 1922년 케냐에서 처음 발견된 후 아프리카 전역에 급속도로 퍼졌다. 습도가 높은 환경에서 잘 생기며, 열매가 썩어 떨어지게 한다. 가지치기나 구리 제제 살균제를 사용해 예방한다.

3) 정상 커피체리와 비정상 커피체리

(1) 정상 커피체리

타원형의 커피체리는 열매 안에 두 개의 생두가 서로 마주 보고 있다. 한쪽은 둥글고, 마주 보고 있는 면은 평평한 모양으로 이를 플랫빈Flat Bean이라 부른다.

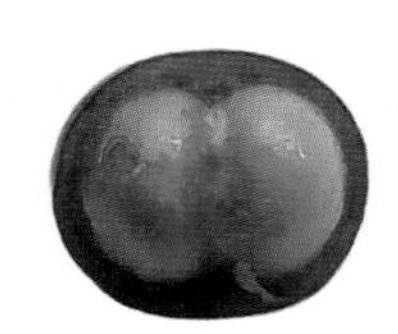

플랫빈

(2) 비정상 커피체리

① **피베리**Peaberry

카라콜리로Caracolillo라고도 불리는 이 콩은 열매 안에 두 개의 콩이 마주 보고 있는 보통의 형태와 달리 두 개 중 한 개만 자라면서 다른 하나는 아주 작게 남아

한 개만 있게 된다. 유전적인 결함이나 불완전한 수분 등으로 발생한다.

② 트라이앵글러빈 Triangular Bean

트라이앵글러빈은 유전적 돌연변이나 기타 요인에 의해 씨방에 여러 개가 생성되어 세 개 또는 네 개 이상의 생두가 들어 있다. 전체 커피 생산량의 1% 정도를 차지하며 상품 가치는 없다.

③ 다배형성 Polyembryony

하나의 씨방에 여러 개의 배가 자라 커피콩 여러 개가 붙어 있는 형태로 모두 제대로 자라지 못하고 어느 한 개만 자라거나 찌그러져 있는 비정상적인 콩이다.

④ 빈콩 Empty Bean

생성 단계에서 이미 비어 있는 형태로 유전적·환경적 요인으로 발생한다.

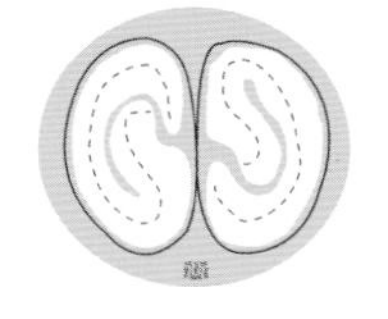
정상 콩

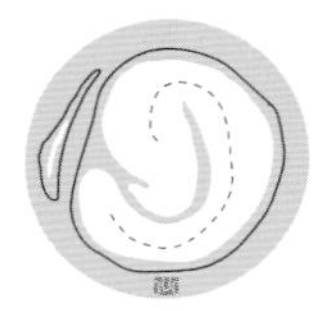
피베리

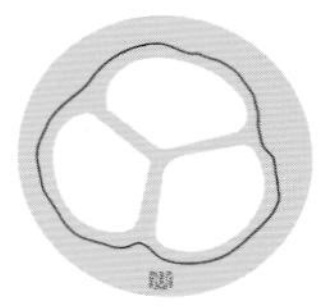
트라이앵글

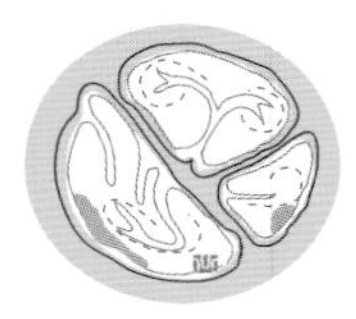
코끼리콩

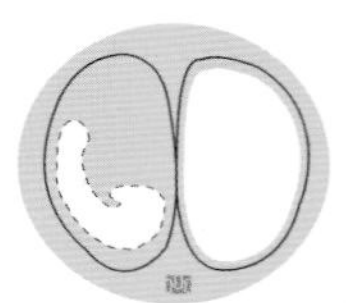
빈콩

3. 커피 수확과 가공

1) 커피 수확 Harvesting

커피 수확은 크게 세 가지로 ① 사람이 익은 커피 열매만을 골라 수확하는 핸드 피킹, ② 한 번에 훑어서 수확하는 스트리핑, ③ 기계를 이용한 수확이 있다.

커피 수확 방법

구분	사람에 의한 수확		기계에 의한 수확
	핸드피킹	스트리핑	
방법	잘 익은 커피체리만 골라 손으로 수확	가지를 잡고 한꺼번에 손으로 훑어서 수확	기계를 이용해 수확
장점	잘 익은 체리만을 선택 수확하므로 품질이 고르고 당도도 좋다.	핸드피킹 방식보다 빠르게 수확할 수 있다.	• 대량수확이 가능하다. • 인건비가 절감된다.
단점	• 인건비 부담이 크다. • 수확이 빠르지 않다. • 수확량이 많지 않다.	• 나무에서 커피가 익는 기간의 차이로 수확시기 결정이 어렵다. • 한꺼번에 잡아 수확하기 때문에 이물질이 섞여 들어갈 수 있고, 나무에 손상을 준다. • 익지 않은 체리와 함께 수확되면서 품질이 고르지 않다.	

(1) 핸드피킹 Hand Picking

잘 익은 커피 열매만을 골라 딴다. 익은 열매만 수확하기 때문에 여러 차례 나눠서 수확한다. 잘 익은 커피 열매만을 선별해 수확하므로 품질이 균일하고 좋다. 그러나 인건비 부담으로 이어져 커피 가격 상승의 요인이 된다. 기계 수확이 어려운 지역에서 주로 이용하며, 고품질의 커피를 생산할 때 주로 이용한다.

(2) 스트리핑 Stripping

커피나무 아래에 천이나 망을 깔고 손으로 가지를 잡고 훑어 내리는 방법으로 핸드피킹 방식에 비해 수월한 편이나, 한 가지에 달린 잘 익은 체리부터 익지 않은 체리까지 한꺼번에 수확하므로 품질이 균일하지 않다.

(3) 기계 수확 Machine Harvest

기계 수확 방법은 커피를 수확하는 기계가 들어갈 수 있어야 하므로 커피 재배지가 비교적 평편하고 커피나무를 일렬로 심었을 때 간격이 넓은 지역에서 가능하며, 대량수확이 용이하다.

일렬로 늘어선 커피나무 사이에서 커피기계가 나무를 털어 수확하므로 앞서 두 방법과는 커피콩의 품질이 다르다. 커피나무에 손상을 주고 이물질 유입률도 높은 편이다.

스트리핑 수확 방법은 커피나무에 체리가 비교적 균일하게 익는 지역에서 가능하다. 기후나 고도로 인해 커피콩이 익는 기간이 길고 들쑥날쑥하면 여러 번 수확해야 하므로 이 방법은 적합하지 않다.

비교적 한 번에 수월하게 수확할 수 있어 인건비 등의 비용을 줄일 수 있지만, 가지를 훑는 방식이기 때문에 잎이나 가지에 손상을 입힐 수 있고, 이물질이 섞여 핸드피킹 방법보다 균일한 품질을 얻을 수 없다.

균일하지 않은 커피체리

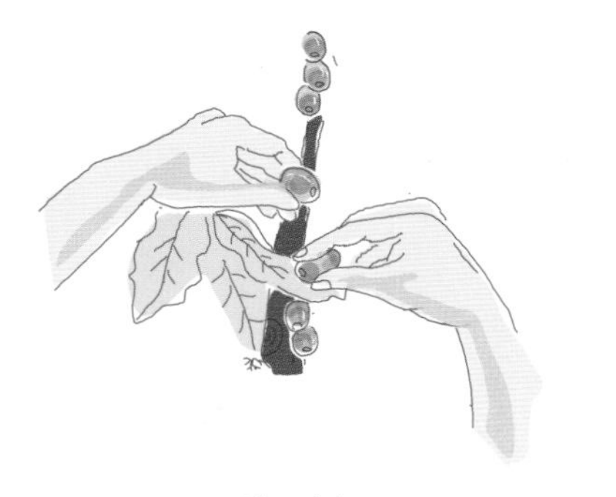

핸드피킹

스트리핑

기계수확

커피 수확 방법(재구성)

2) 커피 가공 Coffee Processing

수확한 커피콩의 과육 부분을 어떻게 얼마만큼 제거하고, 얼마의 시간 동안 어떻게 건조할지를 정하고, 과정별 가공 방법을 일관성 있게 실행하는 것을 말한다.

(1) 커피 가공 방법

커피를 가공하는 방법은 보통 세 가지 방식을 응용한다. ① 자연건조 방식인 내추럴 프로세싱, ② 물을 이용하는 워시드 프로세싱, ③ 중간 형태인 펄프드 내추럴 프로세싱이다.

① 내추럴 프로세싱 Natural Processing

건식법 Dry Processing이라고도 불리며 가장 전통적인 가공 방식이다. 수확한 커피 껍

질을 벗기지 않은 상태로 햇볕에 말린다. *가공 과정 : 수확 → 선별 → 건조

내추럴 프로세싱 과정

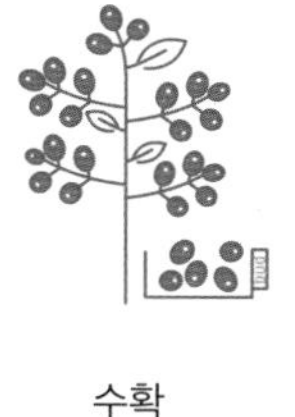
수확

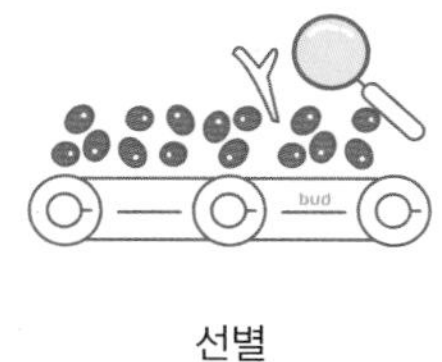
선별

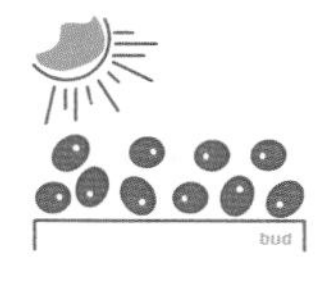
건조

② 워시드 프로세싱 Washed Processing

물을 이용한 가공 방식으로, 습식법Wet Processing이라고도 부른다. 수확한 커피체리의 껍질(과육)을 벗긴 후 물에 담그거나 통 안에 그대로 두고 12~36시간 정도 발효시킨다. 발효를 통해 무실라지Mucilage라고 하는 점액질을 제거한다.

* 가공 과정 : 수확 → 세척과 선별 → 과육 제거 → 발효(점액질 제거) → 세척 → 건조

워시드 프로세싱 과정

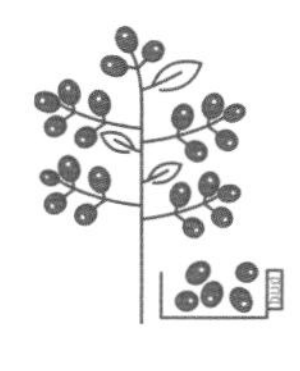
수확

세척과 선별

과육 제거

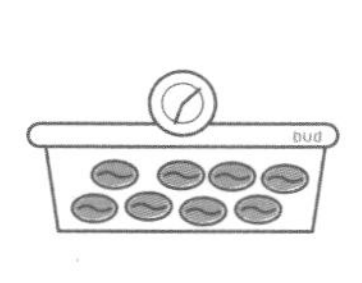
발효

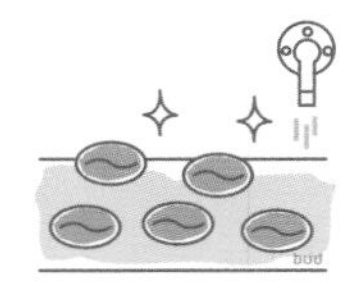
세척

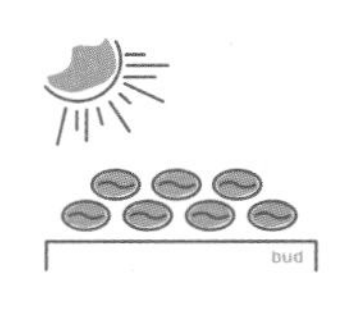
건조

③ 세미워시드 프로세싱 Semiwashed Processing

커피를 수확 후 껍질과 점액질까지 모두 씻어 제거한 후 건조하는 방식이다.

*가공 과정 : 수확 → 선별 → 과육 제거 → 건조

세미워시드 프로세싱 과정

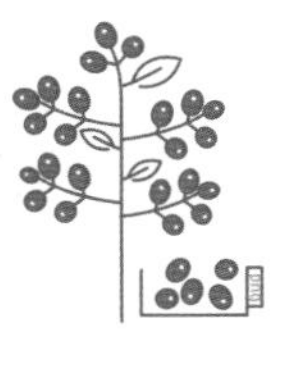
수확

선별

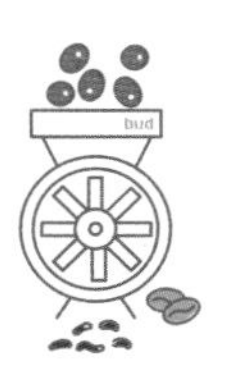
과육 제거

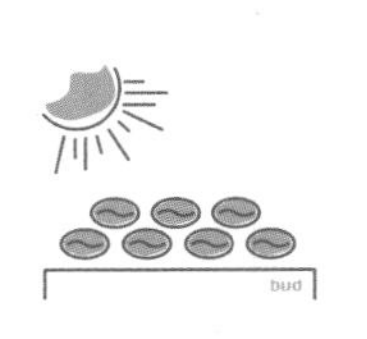
건조

④ 펄프드 내추럴 프로세싱 Pulped Natural Processing

내추럴 방식(건식)과 워시드 방식(습식)의 중간 형태의 프로세싱으로 껍질을 벗겨낸 후 무실라지(점액질)를 제거하고 건조하는 방식이다. 이때 점액질을 제거하고 건조하는 일반적인 방식과 무실라지를 남기고 건조하는 허니 프로세싱Honey Processing 방식으로도 나뉜다. *가공 과정 : 수확 → 선별 → 세척과 선별 → 과육 제거 → 건조

펄프드 내추럴 프로세싱 과정

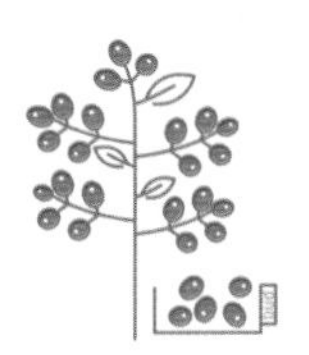

수확

선별

세척과 선별

과육 제거

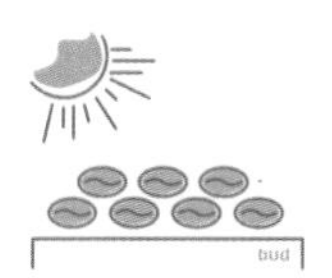

건조

COMMENT

무실라지(Mucilage = 점액질)

가공 방식에 따른 특징

구분	내추럴	워시드	세미워시드	펄프드 내추럴
가공 순서	수확 → 선별→ 건조	수확 → 선별 → 과육 제거 → 발효→ 세척 → 건조	수확 → 선별 → 과육 제거 → 건조	수확 → 선별 → 세척 → 과육 제거 → 건조
생두의 형상	고르지 않음	균일	–	–
결점두 비율	높음	낮음	–	–
로스팅 후 형상	불균일	균일	–	–
실버스킨	많음	적음	–	–
향의 강도	강함	보통	–	–
신맛의 강도	낮음	높음	–	–
맛의 무게감	강함	보통	–	–

(2) 기타 가공 방법

① 몬순 커피

인도네시아 수마트라 농장에서 이루어져 수마트라 가동 방식이라 일컫는 방법으로 가공된 커피를 말한다. 이 방식은 세척하지 않은 커피를 10~20 cm 정도의 두께로 고르게 펼친 후 몬순기후의 습한 기후를 받도록 창고에서 4~5일 방치한다. 이렇게 습도와 바람에 노출된 생두는 숙성Aging을 통해 녹색에서 누르스름한 콩으로 색이 변하고 곰팡내 같은 독특한 향을 지니게 된다.

② 코피 루왁 Kopi Luwak

인도네시아에서 생산되는 코피 루왁은 긴꼬리사향고양이가 잘 익은 커피 콩만 골라 먹고 난 뒤 배설된 커피를 말한다. 미처 소화되지 못하고 배설된 파치먼트 덩어리를 물로 씻어 말린 커피가 '코피 루왁'이다. 루왁Luwak은 인도네시아어로 사향고양이를 뜻하며, 소화과정을 거치면서 발효된 루왁은 독특한 맛과 향을 지니게 된다. 보통은 야생 사향고양이의 배설물을 주워 정제하지만, 요즘은 우리에 가둬 대량 생산하면서 동물 학대라는 비난을 받고 있다.

(3) 건조 방법

생두는 보관을 위해 수분함량을 12% 정도로 낮추어 건조한다. 건조 방법에는 건조장에서 말리는 햇빛 건조, 테이블이나 건조대 위에 건조하는 테이블 건조, 기계를 이용한 건조가 있다.

① 햇빛 건조

콘크리트, 아스팔트, 타일, 또는 비닐하우스로 된 커피 건조장에 체리나 파치먼트를 펼쳐놓고 골고루 뒤집어주면서 건조한다. 체리 상태에서는 12~21일 정도, 파치먼트 상태에서는 약 7~15일 정도 건조하게 되는데, 수확 후 10시간 이내에 빨리 처리해야 발효되는 것을 막을 수 있다.

② 테이블 건조

테이블이나 건조대 같은 넓은 나무판자 위에서 주로 파치먼트를 건조할 때 사용되는 방식이다. 흙이나 바닥에 있는 이물질과의 접촉을 통한 오염을 막아줄 수 있는 장점이 있지만, 비가 오거나 밤이 되면 반드시 천막으로 덮어두어야 하므로 노동력이 많이 드는 방식이다.

③ 기계 건조

수분함량이 20~30%이면 커피가 딱딱해지고 색이 검게 변하기 시작하므로 빨리 건조해야 한다. 드럼 형태의 기계건조기나 수직으로 된 타워형 건조기에서 40~45℃ 정도의 온도로 건조한다. 온도가 높으면 불쾌한 냄새가 나고 품질에 악영향을 준다.

4. 커피 등급과 평가

1) 커피 등급

국가·재배지별로 재배 고도, 스크린 사이즈(생두의 크기), 결점두에 따라 커피의 등급을 결정한다. 커피 등급을 나누는 기준은 국가별로 조금씩 다르다.

(1) 재배 고도Altitude에 의한 분류

재배 고도에 따라 등급을 분류하는 국가

국가	분류 내용 / 주요 재배지역	재배 고도	등급
	등급 표기		
과테말라	SHB, HB, SB	1,300 m 이상	SHB
	• 우에우에테낭고(Huehuetenango) • 안티구아(Antigua)	1,200~1,300 m	HB
		1,000~1,200 m	SH

(계속)

<table>
<tr><th rowspan="3">국가</th><th>분류 내용</th><th rowspan="2">재배 고도</th><th rowspan="2">등급</th></tr>
<tr><th>주요 재배지역</th></tr>
<tr><th colspan="3">등급 표기</th></tr>
<tr><td>과테말라</td><td colspan="3">• SHB(Strictly Hard Bean)
• HB(Hard Bean)
• SB(Semihard Bean)
[SHB, HB, SB 외 등급]
• EP(Extra Prime) : 900~1,000m
• P(Prime) : 700~900m</td></tr>
<tr><td rowspan="4">코스타리카</td><td>SHB, GHB, HB</td><td>1,200~1,650 m</td><td>SHB</td></tr>
<tr><td rowspan="2">• 타라주(Tarrazu)</td><td>1,100~1,200 m</td><td>GHB</td></tr>
<tr><td>800~1,100 m</td><td>HB</td></tr>
<tr><td colspan="3">• SHB(Strictly Hard Bean)
• GHB(Good Hard Bean)
• HB(Hard Bean)
[SHB, GHB, HB 외 등급]
• MB=MHB(Medium Hard Bean) : 500~1,200 m</td></tr>
<tr><td rowspan="5">멕시코</td><td rowspan="2">SHB, HG, PW, GW</td><td>1,700 m 이상</td><td>SHB</td></tr>
<tr><td>1,000~1,700 m</td><td>HG</td></tr>
<tr><td rowspan="2">• 오악사카(Oaxaca)</td><td>700~1,000 m</td><td>PW</td></tr>
<tr><td>700 m 이하</td><td>GW</td></tr>
<tr><td colspan="3">• SHB(Strictly Hard Bean)
• HG(High Grown)
• PW(Prime Washed)
• GW(Good Washed)</td></tr>
<tr><td rowspan="2">자메이카</td><td colspan="3">• Blue Mt(Blue Mountain) : 재배 고도가 매우 높음
• High Mt(High Mountain supreme) : 고지대에서 생산
• PJW(Prime Jamaica Washed) : 중·고지대 사이에서 생산</td></tr>
<tr><td colspan="3">[Blue Mountain No.1, 2, 3]
• Blue Mountain No.1 : 스크린 사이즈 17~18
• Blue Mountain No.2 : 스크린 사이즈 16~17
• Blue Mountain No.3 : 스크린 사이즈 15~16</td></tr>
</table>

(2) 스크린 사이즈Screen Size에 의한 분류

생두의 크기로 분류하는 방식으로 1 스크린 사이즈를 기준으로 한다. 1 스크린 사이즈는 1/64인치로 약 0.4 mm이다. 스크린 사이즈는 생두의 세로 크기가 아니라 세로로 놓은 뒤에 가로 폭을 잰다.

생두 사이즈가 18/64인치 = 7.2 mm 이상인 경우
스크린 18(screen #18)이라고 한다.

스크린 사이즈에 의한 분류

국가	분류 내용 산지명(상표명)	등급 표기
케냐	AA, A, AB, C, E • 케냐 AA(1,500~2,000)	AA(18), A(17), AB(15~16), C(14), E(Ears=Large Peaberry)
탄자니아	AA, A, B, C, PB • 킬리만자로(Kilimanjaro)	AA(18 이상), A(17~18), B(16~17), C(15~16), PB(Peaberry)
하와이	• 코나 엑스트라 팬시(Kona Extra Fancy) : 사이즈 19 이상 • 코나 팬시(Kona Fancy) : 사이즈 18 • 코나 넘버 원(Kona Number 1) : 사이즈 16 • 코나 셀렉트(Kona Select), 코나 프라임(Kona Prime)	
콜롬비아	• 엑셀소 프리미엄(Excelso Premium) : 사이즈 18 • 엑셀소 수프리모(Excelso Supremo) : 사이즈 17 • 엑셀소 엑스트라(Excelso Extra) : 사이즈 16	
	[그 외] • 엑셀소 유로파(Excelso Europa) : 사이즈 15 • 엑셀소 UGQ(Excelso UGQ) : 전체의 약 50% 이상이 사이즈 15 • 엑셀소 마라고지페(Excelso Maragogipe) : 사이즈 17 • 엑셀소 카라콜(Excelso Caracol=피베리)	
	• 메델린(Medellin) : 메델린 지역의 커피로 마일드 커피의 대명사 • 아르메니아(Armenia) : 아르메니아 지역 커피 • 마니살레스(Manizales) : 마니살레스 지역 커피 • MAM's = 아르메니아 + 마니살레스	

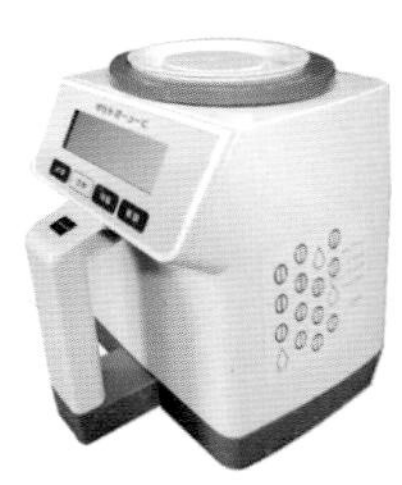

스크리너(왼, 가운데)와
수분계(오)

스크린 사이즈에 따른 등급 분류

스크린 No.	크기 (mm)	콜롬비아	아프리카 / 인도	미국	중앙아메리카 / 멕시코
20	7.94	수프리모 (Supremo)	AA	Very Large Bean	-
19	7.54			Extra Large Bean	
18	7.14		A	Large Bean	수페리오(Superior)
17	6.75	엑셀소 (Excelso)		Bold Bean	
16	6.35		B	Good Bean	세군다(Segunda)
15	5.95			Medium Bean	
14	5.55	-	C	Small Bean	테세라(Tercera)
13	5.16	-	PB	Peaberry	카라콜(Caracol)
12	4.76				
11	4.30				카라콜리(Caracoli)
10	3.97				
9	3.57				카라콜리로 (Caracolillo)
8	3.17				

(3) 결점두Defect Bean에 의한 분류

여러 가지 결점을 지닌 생두를 결점두(디펙트빈)라고 하며, 커피 맛에 부정적인 영향을 준다. 생두 샘플을 검사해서 결점을 검수하고 점수를 차감한다.

결점두에 의해 등급을 분류하는 국가

국가	분류 내용 / 산지명(상표명)	Full Defects	
브라질	NY2, NY3, NY4, NY5	NY2(4개), NY3(12개), NY4(26개), NY5(46개)	
	• 산토스(Santos) • 세라도(Cerrado)	NO.2(4개), NO.3(12개), NO.4(26개 이하), NO.5(46개 이하), NO.6(86개 이하)	
에티오피아	Grade 1 ~ Grade 8	0~3개	G.1
	• 이르가체페(Yirgacheffe) • 하라(Harrar) • 시다모(Sidamo)	4~12개	G.2
		13~25개	G.3
인도네시아	Grade 1 ~ Grade 6	1~11개	G.1
	• 만델링(Mandhelling)	151~225개	G.6

(계속)

국가	분류 내용	Full Defects
	산지명(상표명)	
예멘	• 예멘 모카(Yemen Mocha) • 모카 마타리(Mocha Mattari) • 모카 히라지(Mocha Hirazi) • 사나니(Sanani)	

국가	등급	기준
브라질	NY2~NY8(전 No. 2 ~ No. 6)	4 Defects ~ 86 Defects
에티오피아	Grade 1 ~ Grade 8	No Defects ~ Over 340
인도네시아	Grade 1 ~ Grade 6	Grade 1 : 11 Defects

COMMENT

NYBOT(New York Board of Trading) 생두 등급표에 의한 등급과 결점 수

아라비카 커피의 등급에 관한 분류기준으로 생두 표본 300 g 안에 있는 결점두의 개수에 따라 정한다.

(4) 결점두(디펙트빈)의 종류

- Green Arabica Coffee CASSIFICATION SYSTEM

① FULL BLACK, PARTIAL BLACK 악영향 정도 ★★★★★★

전부 또는 일부가 썩은 생두로 늦은 수확이나 흙과의 접촉, 건조 과정에서 과발효된 상태. 마른 체리 상태로는 구분할 수 없고 파치먼트를 벗겨 알 수 있다.

FULL BLACK

PARTIAL BLACK

② FULL SOUR, PARTIAL SOUR(발효된 콩) 악영향 정도 ★★★★★★

전부 또는 일부가 상한 생두로 색은 불그스름한 어두운 적갈색을 띠는 과발효된 콩. 땅에 떨어진 체리를 수확한 경우, 발효 탱크에서 오래 둔 경우 등의 오염으로 인해 불쾌한 신맛과 발효취, 담배 맛 등의 악취를 생성한다.

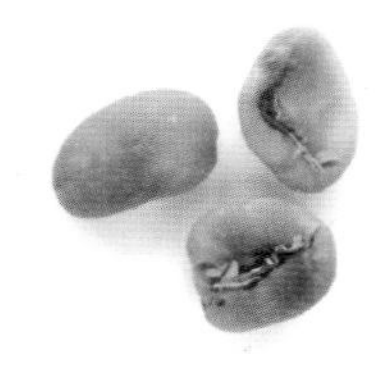
FULL SOUR

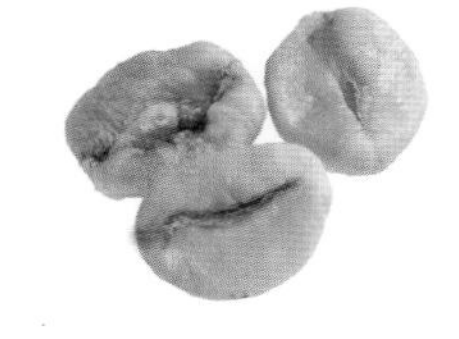
PARTIAL SOUR

③ FUNGUS DAMAGE(곰팡이가 생긴 콩) 악영향 정도 ★★★★★★

생두에 곰팡이가 생긴 것으로 색은 노란색이나 적갈색을 띤다. 정제 후 운송이나 보관 중에 온습도의 불균형으로 곰팡이가 생기기도 하고, 곤충이나 박테리아로 인한 경우, 덜 말린 생두와 섞인 경우에도 발생한다. 발효된 향미나 지저분한 흙맛, 페놀 향 등의 잡맛이 난다. 곰팡이가 생기기 시작하면 주변에도 퍼지기 때문에 주의가 필요하다.

④ FOREIGN MATTER 악영향 정도 ★★★★★★

수확이나 선별 과정에서 유입된 나뭇가지나 돌, 타 작물 등의 이물질이 제거되지 못하고 생두와 섞여 있는 상태이다. 이런 이물질과 함께 분쇄되면 그라인더 날에 악영향을 줄 수 있다.

⑤ SEVERE, SLIGHT INSECT DAMAGE(벌레 먹은 콩) 악영향 정도 ★★★★★

벌레 먹은 생두로 구멍이 한 개 이상 나 있는 콩이며, 구멍이 여러 개가 뚫린 경우 심각한 영향을 줄 수 있다. 불쾌한 신맛이나 발효, 잡맛이 생긴다.

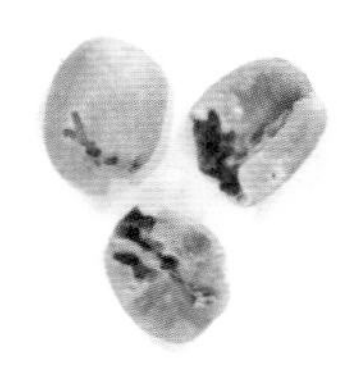

SEVERE INSECT DAMAGE

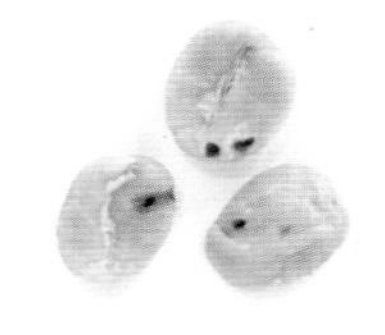

SLIGHT INSECT DAMAGE

⑥ SCHERRY PODS(벗겨지지 않은 체리) 악영향 정도 ★★★★

마른 커피체리로 탈곡이 불완전하거나 기계 문제로 마른 체리가 탈각되지 못하고 남아 있는 상태이다. 곰팡이나 발효된 지저분한 맛이 날 수 있다.

⑦ BROKEN, CHIPPED, CUT(깨진, 눌린, 잘린 커피) 악영향 정도 ★★

눌려 깨진 콩이나 찢어진 콩으로 탈곡 과정이나 강한 압력에 의해 발생한다.

⑧ IMMATURE/UNRIPE(미성숙 콩) 악영향 정도 ★★★★

미성숙한 상태의 커피체리를 수확한 경우 발생한다. 커피콩 껍질과 생두가 달라붙어 있거나 알이 매우 작을 수 있고, 마른 지푸라기나 풋내, 아린 맛을 낸다. 로스팅 시 상아색으로 풋콩 냄새가 나며 퀘이커Quaker의 원인이 된다.

⑨ WITHERED BEAN(마른 커피) 악영향 정도 ★★

가뭄 같은 물 공급 차질로 인해 커피콩이 제대로 성숙하지 못한 경우 크기가 작고 가벼우며, 건포도 표면처럼 주름져 있다. 풀 같은 풋내와 마른 지푸라기 맛이 난다.

⑩ FLOATER(물에 뜨는 커피) 악영향 정도 ★★★

미성숙한 콩으로 속이 비어 있다. 밀도가 낮아 물에 뜨며 흰색을 띤다. 건조 과정이나 보관 중에 발생할 수 있다. 발효취나 건초 등의 잡맛을 생성한다.

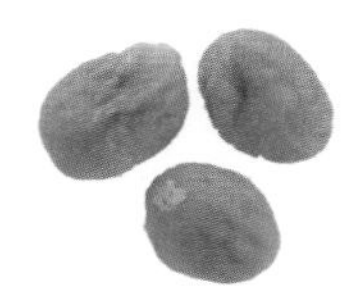

⑪ PARCHMENT(파치먼트) 악영향 정도 ★★★★

생두에 파치먼트가 완벽히 제거되지 못해 그대로 있거나 일부만 제거된 채 남아 있는 불완전한 탈각 상태이다.

⑫ SHELL(조개 모양 커피) 악영향 정도 ★

유전적 발육 기형이 원인이다. 생두가 반으로 쪼개져 있는 상태로 처리 과정 중 분리되거나 붙어 있을 수 있다. 탈곡 과정이나 로스팅 시 분리되기도 하며, 정상 생두에 비해 빠르게 탈 수 있어 균일한 로스팅이 어렵다.

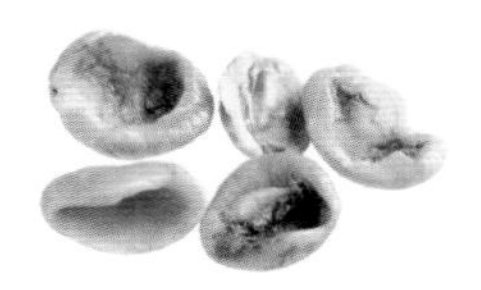

⑬ HULL/HUSK(커피체리 껍질과 말린 체리) 악영향 정도 ★★★★

탈곡 과정이나 선별 과정에서 제대로 탈곡 처리되지 않아 건조된 펄프 조각이 그대로 있는 경우이다. 커피콩에 붙어 있거나 쪼개진 상태로 남아 있는데 과발효된 향미나 페놀, 흙 같은 잡맛을 줄 수 있다.

2) 커피 평가

(1) 생두의 기간별 평가

수확 후 경과된 시간에 따라 뉴 크롭New Crop, 패스트 크롭Past Crop, 올드 크롭Old Crop으로 나눈다. 시간이 오래될수록 좋지 않은 향과 맛이 도드라지며 퀴퀴한 느낌을 준다. 신선할수록 수분함량이 높다.

생두의 기간별 평가

 **뉴 크롭**New Crop
1년 미만

 **패스트 크롭**Past Crop
1~2년

 **올드 크롭**Old Crop
2년 이상

① 뉴 크롭 : 수확 후 1년 이내의 생두

수확 후 3개월 미만의 생두를 뉴 크롭이라 하며, 더 세분화해서 수확 후 1년 미만의 생두를 커런트 크롭Current Crop이라고 한다. 커피콩의 수확 기간이 길어져 해를 넘길 수도 있으므로 '24~25'(2024에서 2025) 등으로 표시한다. 적정함수율 12~13%를 유지하고 생두의 색상은 생두 색상 단위 기준 진초록Blue-Green에서 초록색Bluish-Green을 띤다.

② 패스트 크롭 : 수확 후 1~2년 사이의 생두

적정함수율(12~13%)을 벗어나 생두 표면이 약간 누르스름하게 변할 수 있다. 색상은 녹색Green에서 연갈색Yellow-Green이다.

③ 올드 크롭 : 수확 후 2년 이상 된 생두

적정함수율을 벗어나 건초나 종이 볏짚 등의 향이 느껴질 수 있다. 생두의 색상은 갈색(Pale Yellow에서 Brownish)에 가깝다.

COMMENT

생두 색상

생두의 색상은 'SCA Green Coffee Color Gradient'에서 Blue-Green, Bluish-Green, Green, Greenish, Yellow-Green, Pale Yellow, Yellowish, Brownish의 총 8단계로 구분한다.

(2) SCASpecialty Coffee Association 평가

스페셜티커피협회SCA는 비영리회원 기반의 협회이다. SCA는 커피의 등급을 스페셜티 그레이드Specialty Grade와 커머셜 그레이드Commercial Grade로 분류하고, 분류기준에 따라 결점두 개수를 환산하여 분류한다.

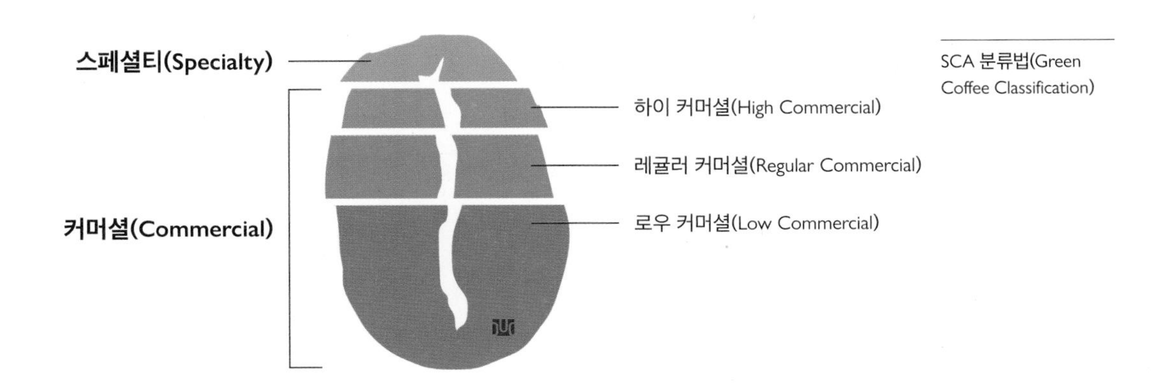

SCA 분류법(Green Coffee Classification)

① 스페셜티 그레이드Specialty Grade

스페셜티 커피Specialty Coffee라는 표현은 1974년《Tea & Coffee Trade》저널에서 에르나 크누첸Erna Knutsen에` 의해 처음 언급되었다. 스페셜티 커피는 생산지, 품종, 가공법 등 여러 가지 세부 사항을 구매자가 확인할 수 있다. 스페셜티 시장에서는 커피 품질을 나누는 데 있어 훨씬 상세하고, 엄격한 잣대로 평가하며 최고의 맛을 지닌 커피를 가려낸다. 생산지의 환경, 특히 좋은 토양과 재배 기술에 의해 특별한 풍미와 개성 있는 맛을 지니며 생두의 결점이 없다.

② 커머셜 그레이드Commercial Grade

카테고리와 관계없이 스페셜티 그레이드 외의 모든 그레이드를 커머셜 그레이드라 한다. 프리미엄 그레이드는 의미를 두지 않는다.

관능 평가를 위해 스페셜티 그레이드 채점표를 활용하며 '향, 단맛, 산미, 바디, 질감, 후미, 균형' 등을 평가한다. C.O.E.Cup of Excellence, B.S.C.A.Brazil Specialty Coffee Association, S.C.A.Specialty Coffee Association 등 여러 공인된 기관에서 활용하고 있다.

스페셜티 그레이드 평가 방법 중 SCA 디펙트 점수 환산표를 보면 카테고리 IPrimary Defects은 허용하지 않으며, 풀 디펙트Full Defect가 5개 이내여야 한다.

SCA 디펙트 점수 환산표

Category I		Category II	
Primary Defects	**Full Defect**	**Secondary Defects**	**Full Defect**
Full Black	1	Partial Black	3
Full Sour	1	Partial Sour	3
Dried Cherry / Pod	1	Parchment / Pergamino	5
Fungus Damaged	1	Floater	5
Severe Insect Damaged	5	Immature / Unripe	5
Foreign Matter	1	Withered	5
		Shell	5
		Broken / Chipped / Cut	5
		Hull / Husk	5
		Slight Insect Damaged	10

스페셜티 커피 기준

항목	내용	
샘플 중량	• 생두 : 350g	• 원두 : 100g
수분 함유량	• 수세식 : 10~12% 이내	• 자연건조 : 10~13% 이내
콩의 크기	• 편차가 5% 이내일 것	
로스팅의 균일성	• 스페셜티 커피는 퀘이커(Quaker)가 허용되지 않을 것	
향미 특성	• 향미 결점이 없을 것(No Fault & Taints)	

③ 컵 오브 엑셀런스Cup of Excellence

컵 오브 엑셀런스C.O.E.는 1999년 처음 시작된 이래 생산된 커피 중 최고의 품질의 커피를 가려내기 위해 여러 국가에서 1년에 한 번 열리는 대회이다. 여기서 우승한 커피는 영예와 함께 전량 인터넷 경매를 통해서만 판매가 이루어진다.

국제커피위원회ICO : International Coffee Organization의 Gourmet Coffee Project에 의해 개발되고, 조지 하웰과 수지 스핀들러가 설립한 비영리 국제 커피 엑셀런스 연합 ACEAllience for Coffee Excellence에 의해 운영되는 컵 오브 엑셀런스는 특정 국가의 각 농장에서 그해에 생산된 생두를 출품하여 국내와 국제 심판관에 의해 3주간 5회에 걸쳐 커피 시음 심사를 받게 된다. 최종 라운드에서 커핑 점수 85점 이상을 받은 극소수의 커피만이 최고 권위와 명예의 C.O.E. 타이틀을 부여받게 된다. 현재 에티오피아, 르완다, 부룬디, 브라질, 콜롬비아, 페루, 엘살바도르, 코스타리카, 니카라과, 과테말라, 온두라스, 멕시코에서 개최된다.

3) 커피 시장의 성장

한국의 커피 시장은 끊임없이 성장해 왔고 매우 발전했다. 매체마다 3조니 6조니 통계가 정확하지는 않지만, 음료 시장에서 커피가 뜨거운 이슈임은 틀림없다.

aT(한국농수산유통공사)는 식품산업통계정보시스템을 통해 커피 시장 경향을 분석한 결과, 2020년 대비 2021년 14.7% 성장했다고 발표했다. 연평균 6.6%씩 꾸

준히 성장하는 추세라 하니 커피의 인기는 계속될 듯싶다. 특히 홈 카페의 인기와 편의점 RTD[Ready to Drink] 커피 음료들의 고급화 전략이 커피 시장 성장세를 부추기고 있다.

커피 음용에 대한 소비자 인식 조사

자료 : 트렌드 모니터 마크로밀 엠브레인 '2022 커피매장 U&A 및 연말 프로모션 관련 조사'. 2022년 11월, 성인 남녀 1,000명; 식품외식경제, 2023.03.20. 재인용

마크로밀 엠브레인 트렌드 모니터의 '2022 커피매장 U&A 및 연말 프로모션 관련 조사'에 따르면 음료 가운데 커피를 45%로 가장 많이 자주 마시고, 성별로는 여성(58%)이 남성(42%)보다 더 마신다고 한다. 연령대로는 40~50대가 20~30대 대비 더 소비하는 것으로 조사됐다. 또 본인의 커피 입맛이 점점 고급화되고 있음을 느끼고 집에서도 맛있는 커피를 즐기고 싶다고 61.5%가 대답한 것과 같이 질 좋은 커피에 대한 수요는 점점 늘어날 것으로 전망된다.

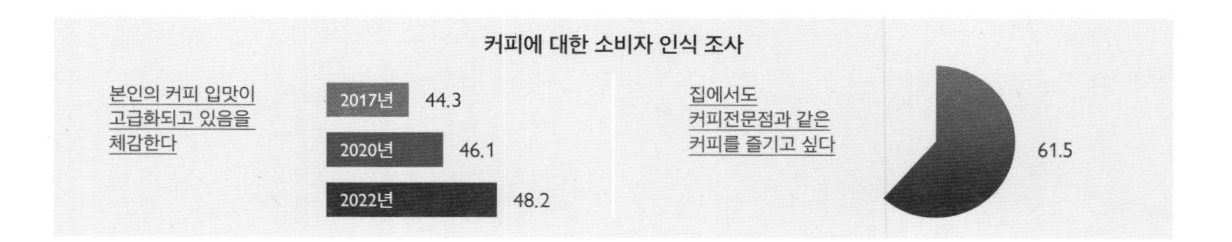

5. 커피 품종

1) 식물학적 분류

커피의 식물학적 분류에 의하면 코페아 아라비카, 코페아 카네포라, 코페아 리베리카 3대 원종이 있으나 현재 전 세계에서 생산되고 있는 커피의 품종은 코페아 아라비카종이 약 60% 정도이고 나머지 40% 정도는 코페아 카네포라의 로부스타가 주종을 이룬다. 이 수치는 조금씩 변하고 있다. 현재는 보통 커피 품종을 아라비카와 로부스타 두 종류로 사용한다.

커피나무의 식물학적 분류

Family	Genus	Sub-Genus	Species	Variety
과(科)	속(屬)	아속(亞屬)	종(種)	품종(品種)
꼭두서니 (Rubiaceae)	코페아 (Coffea)	유코페아(Eucoffea) 중 이리트로 코페아 (Erythro coffea)	아라비카 (Arabica)	티피카 (Typica)
			카네포라 (Canephora)	로부스타 (Robusta)

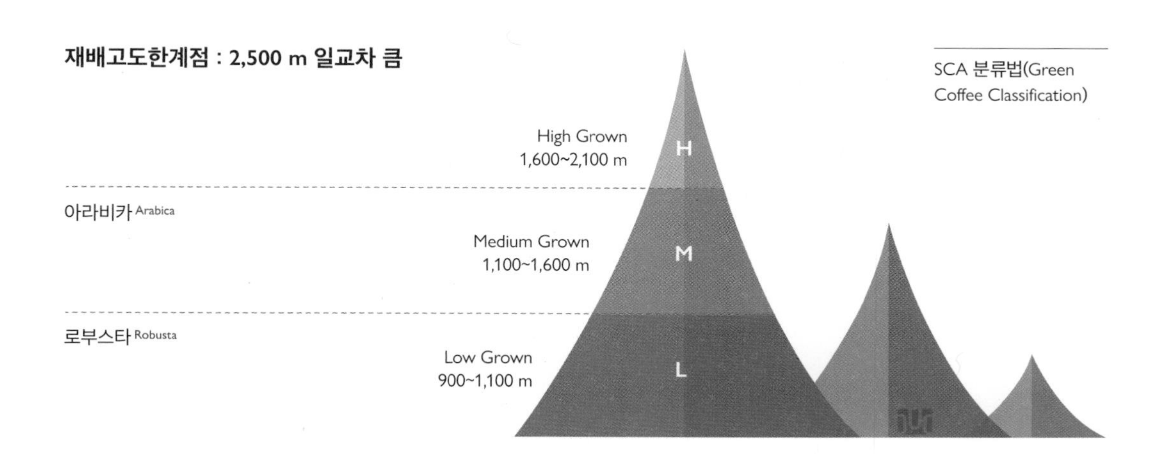

(1) 아라비카 Arabica

에티오피아 남동 아비시니아 고산에서 자생하는 아라비카는 세계 커피 생산량의 60~70%를 차지한다. 향과 맛이 좋고 로부스타보다 형태가 긴 편이며 센터 컷 Center Cut 모양이 S자처럼 생겼다.

커피 재배에 최적의 온도는 낮 22~24℃, 밤 18℃ 정도이다. 낮 기온이 30℃, 밤 기온이 15℃ 이하이면 커피나무 생장에 큰 영향을 끼쳐 살아남기 어렵다. 온도가 높아지면 커피잎녹병 발생률이 올라간다. 큰 일교차도 심각한 영향을 끼친다. 1년에 단 한 번이라도 서리가 내리면 냉해로 인해 고사할 수 있다. 연간 강수량은

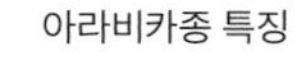

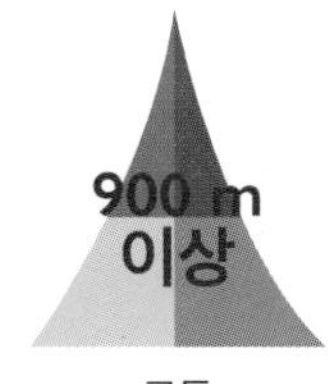

고도

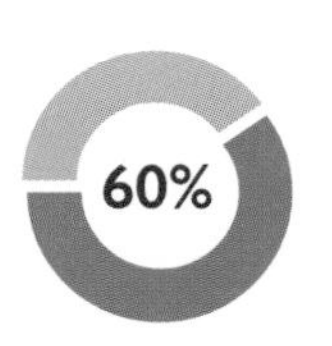

전체생산 비율

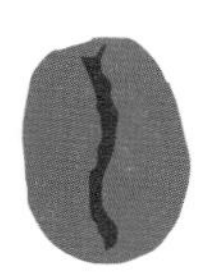
아라비카

특징

카페인 함량 1~2%

1,400~2,000 mm 정도가 적당하며 그보다 좀 많아도 배수가 잘된다면 문제가 없다.

(2) 로부스타 Coffea Robusta

카네포라종에 속하는 로부스타는 세계 커피 생산량의 30~40% 정도를 차지하며, 아프리카 콩고 남동 지역에서 기원한다고 전해지나 아프리카 우간다 지역에서 출발했다는 의견도 있어 원산지에 관한 결정은 쉽지 않다. 형태는 아라비카보다 좀 더 둥글고 센터 컷 모양이 일(一)자에 가깝다.

커피 재배에 최적의 온도는 연중 22~28℃이며 10℃ 이하로 내려가면 커피 생장에 큰 문제가 생긴다. 아라비카와 비교해 병충해에 강한 편이나 온도가 4~5℃ 이하로 떨어지면 고사할 수 있다. 적정 연 강수량은 2,200~3,000 mm 정도지만 배수가 잘 되지 않거나 건조한 지역에서는 재배가 어렵다.

아라비카보다 향은 덜하고 쓴맛이 더 많지만, 질감이 좋은 편이고, 카페인 함량은 아라비카보다 더 높다.

로부스타종 특징

(3) 리베리카Coffea Liberica

세계 커피 생산량의 1% 정도인 리베리카는 라이베리아에서 출발했으며, 형태는 길쭉하고 끝이 뾰족하다. 병충해에 강하고 쓴맛이 강하며, 향미도 떨어져 거의 생산지에서 소비되고 있다.

COMMENT

아라비카종과 로부스타종 비교

구분	아라비카	로부스타
원산지	에티오피아(Ethiopia)	아프리카 우간다(Uganda)
기록 연도	1753년	1895년
염색체 수	44개(2n)	22개(2n)
적정 기온	15~24℃	24~30℃
고도	800~2,200 m	800 m 이하
적정 강수량	1,000~1,200 mm	1,800~2,200 mm
개화 시기	비가 온 후	불규칙
수분 방법	자가수분	타가수분
병충해	약함	비교적 강함
체리 숙성기간	6~9개월	9~11개월
카페인 함량	0.8~1.4%	1.7~4.0%
맛	향미가 우수, 신맛이 좋음	향미가 약함, 쓴맛이 강함
잎 형태 특징	잎은 폭이 좁고 길이가 긴 타원형으로 가장자리가 물결이 친다.	아라비카에 비해 잎이 크고 둥글다.
주요 재배지역	동아프리카, 중남미	서아프리카, 동남아
생산	60%	40%

2) 아라비카 품종

(1) 티피카 Typica

아라비카종 중 원종에 가장 가까운 종으로 콩은 긴 편이다. 주로 고도가 높은 곳에서 잘 자라며 좋은 향미와 균형도 좋으나 밀도가 약한 편이고 녹병과 같은 병충해에 취약하다. 대표적인 티피카 계통으로는 하와이안 코나Hawaiian Kona, 자메이카 블루마운틴Jamaica Blue Mountain이 있다.

(2) 버번 Bourbon

티피카종의 돌연변이 품종으로 품질이 좋으나 병충해에 취약하다. 형태는 티피카종에 비해 작고 둥글고 단단한 편이며 생산성이 좋다. 중미, 브라질, 케냐, 탄자니아 등지에서 주로 재배된다. 버번에서 시작된 품종으로는 카투라, 카투아이, 문도노보 등이 있다.

(3) 카투라 Caturra - 브라질

1937년경 브라질에서 발견된 레드 버번의 자연 돌연변이종으로 콩의 크기는 작은 편이며 수확량은 많다. 풍부한 신맛과 약간의 떫은맛을 지니며 커피나무의 키는 작은 편에 속하고 마디 간격이 짧다. 병충해에 취약하여 예방 및 방재 비용이 많이 든다.

(4) 문도 노보 Mundo Novo - 브라질

버번과 수마트라 티피카의 자연 교배종으로 1931년 브라질에서 발견되었다. 1950년부터 브라질에서 재배하기 시작하여 현재는 카투라, 카투아이와 함께 브라질의 주력 재배 품종이 되었다. 환경 적응력이 좋고, 콩의 크기가 다양하다. 신맛과 쓴맛의 균형이 좋으며 맛은 재래종과 유사하다.

(5) 카투아이 Catuai - 브라질

키가 큰 문도 노보와 키가 작은 카투라의 교배종으로 브라질에서 개발하였다. 브라질어로 '매우 좋은'이라는 의미이다. 매년 생산이 가능하나 타 품종에 비해 생산기간이 10여 년으로 짧은 것이 단점이다.

(6) 마라고지페 Maragogype - 브라질

크기 비교

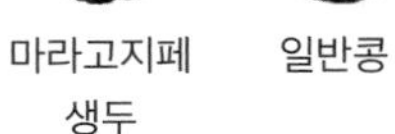

마라고지페 생두 일반콩

1870년 브라질에서 발견된 티피카의 자연 돌연변이 품종이다. 브라질의 마라고지페시에서 발견되었다. 생두의 크기가 일반 콩보다 두세 배 크지만 생산성이 낮다. 향미가 부족하다는 평가를 받고 있으나 환경이 맞는 곳에서는 좋은 품질의 마라고지페가 생산된다.

(7) 켄트 Kent - 브라질

인도의 고유품종으로 높은 생산성을 보이며 커피잎녹병에 강하다.

(8) 파카스 Pacas - 엘살바도르

버번의 자연 돌연변이종으로 엘살바도르 파카스 농장에서 처음 발견되어 '파카스'라고 이름 지어졌다. 엘살바도르 커피 생산의 25% 정도를 차지한다.

(9) 파카마라 Pacamala - 엘살바도르

엘살바도르에서 개발된 파카마라종은 파카스종과 마라고지페종을 교배하여 우수한 품질로 컵오브엑셀런스C.O.E.에서 게이샤 다음으로 최상위 점수를 받고 있다. 나무의 크기는 작지만, 마라고지페의 영향으로 파카스종보다 열매의 크기가 크고, 향미도 우수하다.

(10) 게이샤 Geisha - 에티오피아

에티오피아 카파 지역에서 게이샤로 불리는 지역이 많아 정확히 어디인지는 알 수 없으나 최초로 게이샤 변종이 발견된 곳이다. 게이샤라는 이름은 에티오피아 카파 지역의 숲Geisha에서 가져왔다고 전해진다.

일반 커피 열매와는 달리 가늘고 긴 편이며 감귤계의 풍미가 뛰어나 파나마 에스메랄다 농장에서 C.O.E.에 출품하여 지금까지 큰 호응을 얻고 있다.

품종의 이해와 대표 품종

구분		발생 지역		대표 품종	
재래종		커피 원종	에티오피아/수단 계열	게이샤, 자바 등	
			예멘 계열	티피카, 버번	
돌연변이종		성질 이상으로 변이된 커피		카투라, 파카스	버번 돌연변이
				마라고지페	티피카 돌연변이
교배종	자연	자연적으로 교배된 커피		문도 노보	버번 + 수마트라
				아카이아	문도 노보 + 티피카
	인공	인공적으로 교배 개량한 커피		파카마라	파카스 + 마라고지페
				카투아이	문도 노보 + 카투라
하이브리드		서로 다른 종의 교배(아라비카 + 카네포라)		카티모르	카투라 + 티모르 하이브리드
				아프리카 루이로(Ruiru)11	카티모르 + SL28

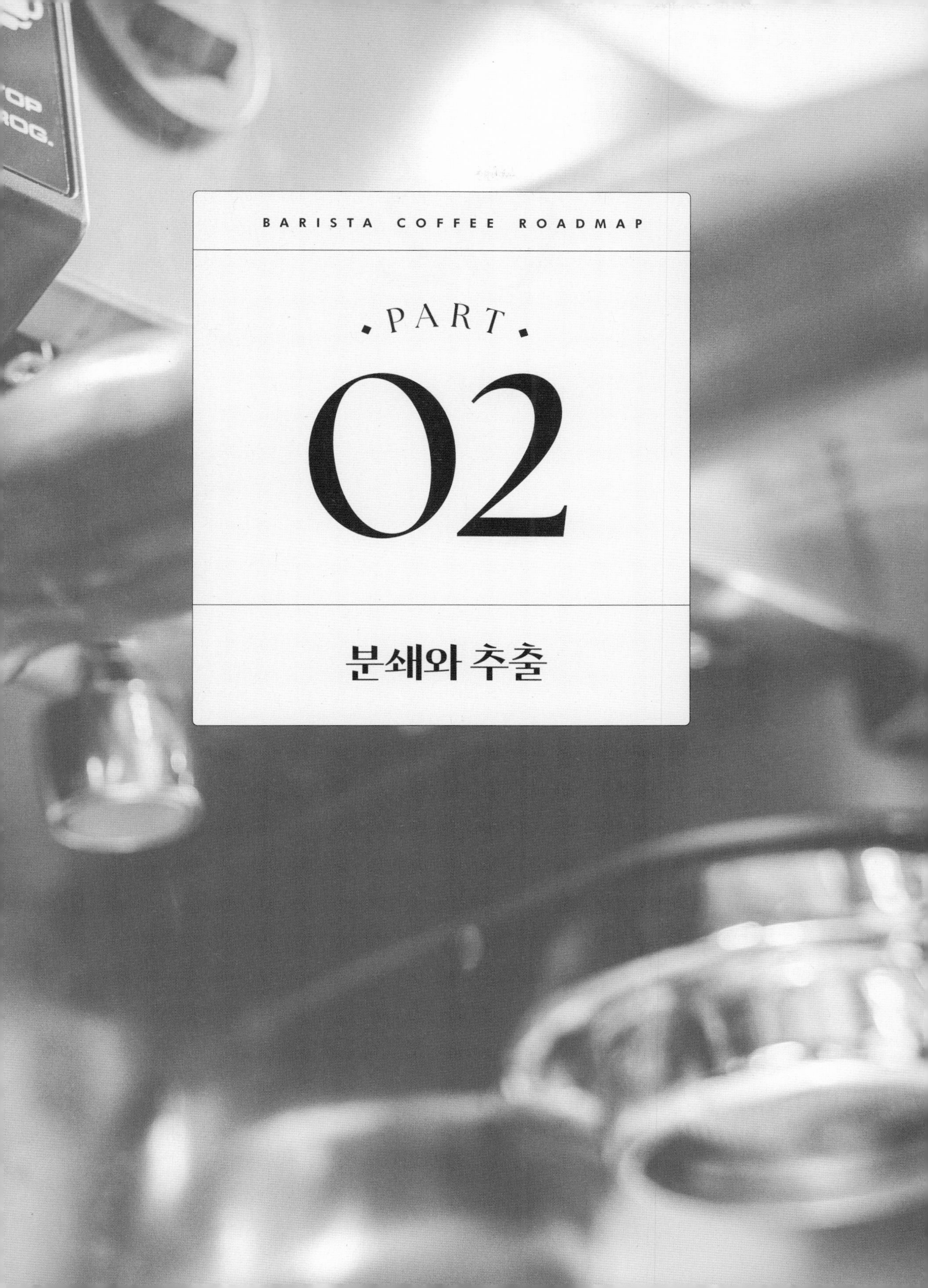

BARISTA COFFEE ROADMAP

PART

02

분쇄와 추출

PART

02

분쇄와 추출

1. 커피 분쇄

1) 커피 분쇄의 의미와 목적

커피를 추출할 때 원두를 그대로 사용하지 않고 분쇄하는 이유는 물과 접촉하는 면적을 넓혀 커피 성분을 쉽게 뽑아내기 위해서이다. 원두 상태 그대로 물을 붓는다면 속까지 침투하지 못하고 그대로 겉만 닿고 흘러버리기 때문에 제대로 된 유효성분을 추출할 수 없다. 잘게 쪼갤수록 물과 빨리 닿아 추출하기가 쉽다.

에스프레소용 분쇄 입자는 약 0.3 mm로 다른 추출 방법에 비해 매우 고운 편이다. 홀 빈Whole Bean(분쇄하지 않은 원두)에 비해 표면적이 30배가량 넓어져 공기 중에 노출되면 쉽게 산화되므로 반드시 추출 직전에 분쇄해서 사용해야 한다.

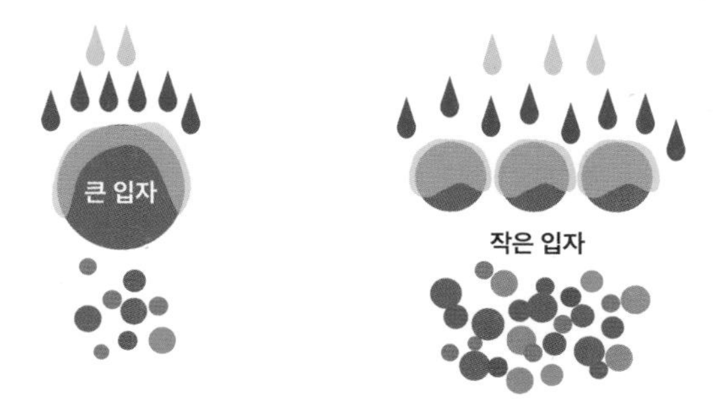

분쇄커피와 물의 접촉

2) 추출 시간과 추출 기구에 따른 분쇄

추출 시간이 짧거나 분쇄 입자가 굵으면 성분이 쉽게 녹아 나오지 못해서 싱겁거나 불쾌한 맛이 날 수 있다. 반대로 추출 시간이 너무 길거나 커피 입자가 너무 고우면 불쾌하고 강한 쓴맛이나 떫은맛이 추출될 수 있다.

추출 시간이 짧거나 분쇄 입자가 굵으면 쉽게 용해되지 못하고 빨리 추출되는데 이를 과소 추출Under Extraction이라고 하며, 반대로 분쇄 입자가 고울수록 물과의 접촉 표면적이 넓어지므로 이에 따라 커피 성분 추출은 빨라지고 상대적으로 추출 시간은 길어져서 과다 추출Over Extraction이 된다.

가는 분쇄를 하게 되면 진한 풍미와 묵직한 느낌을 끌어낼 수 있으나, 과하게 고운 커피 가루는 물과의 접촉 시간이 길어져 불필요한 잡맛까지 추출될 수 있어 주의해야 한다.

분쇄 굵기

분쇄 종류	아주 가는 분쇄 (very fine grind)	가는 분쇄 (fine grind)	중간 분쇄 (medium grind)	굵은 분쇄 (coarse grind)
굵기	0.3 mm 이하	0.5 mm 이하	0.5~1.0 mm	1.0 mm 이상
적용	에스프레소	사이펀	드립식 추출 (1~2인용)	프렌치프레스

분쇄 굵기	Extra coarse	Coarse	Medium / Coarse	Medium	Medium / Fine	Fine	Extra Fine
적용	콜드브루	프렌치프레스, 퍼콜레이터, 커핑용	케맥스, 클레버	푸어오버(핸드드립), 커피메이커, 사이펀, 에어로프레스		에스프레소, 모카포트, 에어로프레스	이브릭

3) 분쇄 방식과 종류

분쇄 원리에 따라 크게 충격식Impact과 간격식Gap으로 나눌 수 있다. 그라인더 날의 구조상 크게 블레이드 그라인더Blade Grinder, 코니컬 커터Conical Cutters(원뿔형 날), 플랫 커터Flat Cutters(평면 날)로 나뉘며 산업용 그라인더로 롤 커터Roll Cutters가 있다.

(1) 블레이드 그라인더 Blade Cutters Grinder - 프로펠러식 그라인더

일자 금속 날개를 회전시켜 원두를 분쇄하는 방식으로 가정용 믹서와 비슷한 방식이다. 분쇄 시 그라인더를 흔들면서 분쇄하거나 분쇄 후 거름망(채망)을 통해 미분을 제거하면 균일한 입자를 얻을 수 있다.

블레이드 그라인더의
날 모양과 분쇄 방식

(2) 코니컬 그라인더Conical Cutters Grinder – 원뿔형

원뿔 모양의 회전하는 수날과, 그 주변을 두르는 고정된 암날로 구성되어 있다. 원두가 위에서 아래로 내려오면서 분쇄되는 방식으로, 주로 가정용 핸드밀이나 에스프레소 그라인더 날로 이용된다. 분쇄 시 열 발생이 적고 시간당 분쇄 속도도 빠른 편이다.

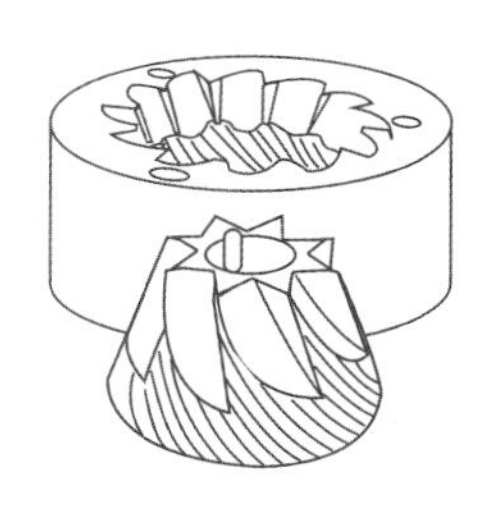

코니컬 그라인더의
날 모양과 분쇄 방식

(3) 플랫 그라인더Flat Cutters Grinder – 평면 날

움직이는 회전 톱니와 고정 톱니가 위아래로 구성되어 있다. 커팅 방식의 밀Mill과 두 개의 평면 날이 톱니처럼 맞물리면서 분쇄하는 맷돌 방식이 있다.

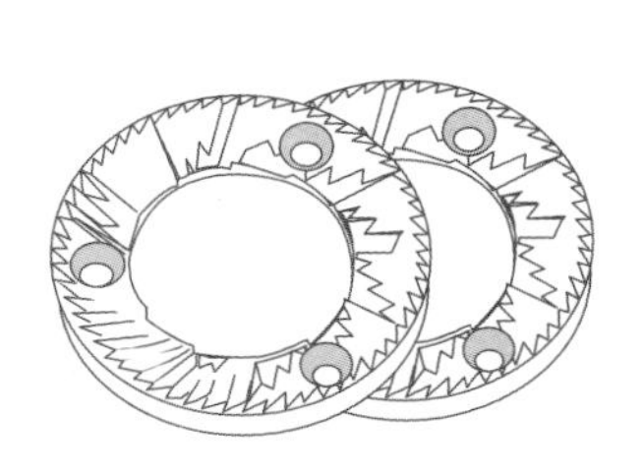

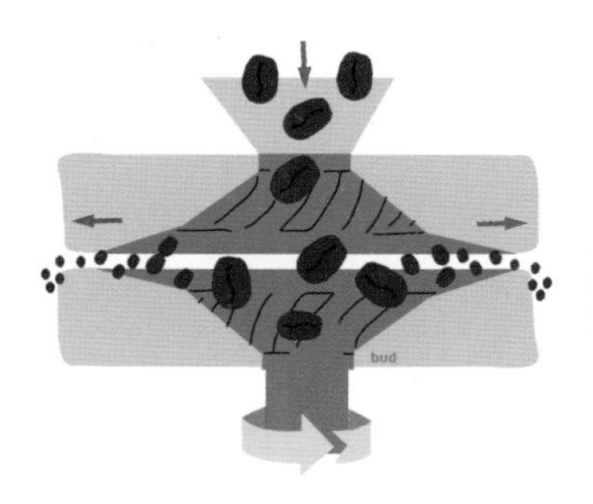

플랫 그라인더의
날 모양과 분쇄 방식

(4) 롤 커터 Roller Cutters Grinder - 산업용 그라인더

몇 개의 층으로 구성된 롤 커터가 위에서부터 아래로 단계적으로 가늘게 분쇄되면서 나온다.

롤 커터의 모양과 분쇄 방식

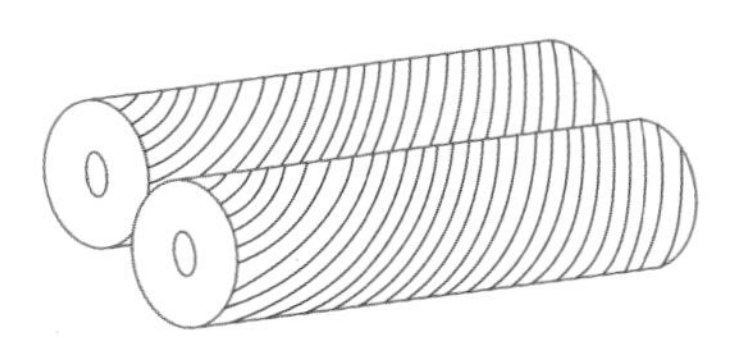

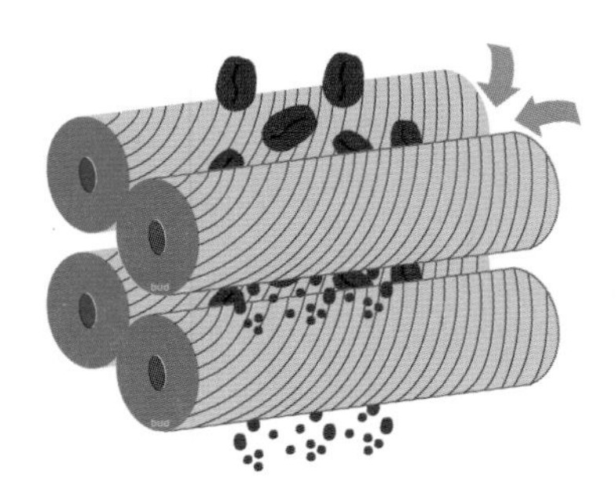

2. 에스프레소 추출

1) 에스프레소 Espresso

에스프레소 머신 압력에 의해 추출된 커피를 에스프레소라고 한다. 8~10 bar의 압력으로 90~95℃의 뜨거운 물이 분쇄커피를 통과하면서 20~30초 정도의 짧은 시간 동안 약 30 mL 정도를 추출한다.

(1) 크레마 Crema

크레마는 에스프레소 위에 붉은 갈색을 띠는 부드러운 크림을 말한다. 영어의 크림과 같은 뜻으로 매우 촘촘한 기름방울들이 뭉친 거품으로 여러 패턴을 띤다. 크레마는 에스프레소 머신 압력에 의해 커피 층을 통과하면서 나오게 된다.

이런 크레마는 양이 많다고 좋은 것은 아니며 보통은 가스가 정리되지 않은 원두에서 두텁고 금방 꺼지는 거품의 크레마가 나온다. 보통 3~5 mm

정도를 양호한 두께로 본다. 또한 크레마가 너무 적게 나오면 오래된 원두이거나 가스가 완전히 나가서 향미가 소실된 원두일 수 있다.

(2) 크레마의 역할

크레마는 에스프레소가 식는 것을 막아주는 단열 기능을 한다. 또한 향이 빨리 날아가는 것을 막아준다. 따라서 크레마 층의 밀도가 단단할수록 커피를 오래 즐길 수 있다.

2) 에스프레소 추출의 원리

물과 분쇄된 커피의 굵기, 물의 온도, 커피와의 접촉 시간, 추출 도구 등에 따라 커피가 가진 고유의 좋은 성분이 추출된다. 보통 신맛과 향미는 앞쪽에서 먼저 추출되고, 떫은맛이나 강한 쓴맛 등 좋지 않은 성분은 물과 오래 접촉하면서 뒤에 추출된다.

COMMENT

커피 추출 원리

- 흡수 : 커피 입자가 물을 만나 흡수
- 해리 : 물이 커피의 가용성 성분을 녹여냄
- 분리 : 녹여낸 성분을 추출

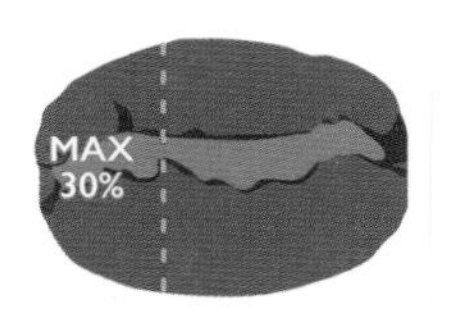

물을 흡수한 원두는
부피가 최대 30%까지 증가

3) 수율과 농도

(1) 적정한 수율

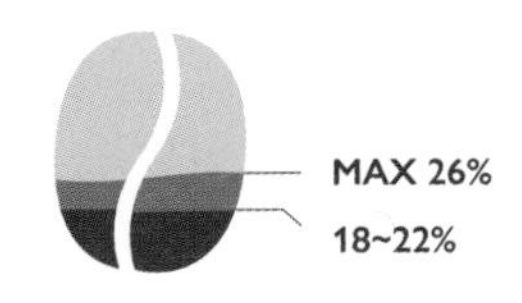

수율은 커피의 가용성 고형 성분이 용해되어 이동한 양을 나타낸다. 추출 시 사용한 커피양 대비 추출된 커피 용액 속 커피 성분의 비율을 추출 수율Extraction Yield or Solubles Yield이라 한다. 절대적 수치는 아니나 현재 SCA 기준 약 18~22%의 추출 수율을 보일 때 이상적이라 보고 있다.

COMMENT

수율 계산법

$$추출\ 수율 = \frac{추출된\ 원두\ 성분량}{투입된\ 원두량}$$

VST 농도측정기

(2) 적정한 농도

추출된 커피 음료량에서 물을 제외한 나머지 커피 성분이 차지하는 비율을 '농도'로 표현한다. 커피 농도가 1.15%보다 낮으면 '약하거나 싱겁다'라는 느낌이 들고, 1.35%보다 높으면 과한 강한 맛을 느끼게 된다.

4) 좋은 커피를 위한 요소

커피 성분은 생두와 로스팅 정도, 추출 방법 및 여러 가지 변수에 의해 추출 정도가 달라진다. 불필요한 성분은 지양하고 맛과 향의 품질은 올릴 수 있는 좋은 성분을 추출하기 위해서는 다음 요소를 이해하고 관리할 수 있어야 한다.

- 좋은 생두를 바탕으로 로스팅이 잘된 원두
- 잘 관리된 그라인더와 머신
- 커피 추출에 적합한 물
- 바리스타

COMMENT

커피의 농도는 추출된 커피의 TDS, 즉 총용존고형분을 나타낸다. 물로 추출할 수 있는 커피 성분 약 26% 중에서 18~22% 정도를 뽑아내는 것이 가장 이상적이라 본다. 수율이 18%보다 낮으면 과소 추출이 일어나 견과류 등의 풋내가 연출되기 쉽고, 22%를 초과하면 과다 추출로 쓴맛과 떫은맛이 나기도 한다.

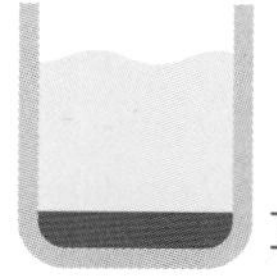

$$\frac{χ\ (용질\ g)}{용액(g)} \times 100 = 농도(\%)$$

χ 물에 용해된 커피 성분의 양
용액 추출한 커피의 양
100 백분율
농도 TDS 농도

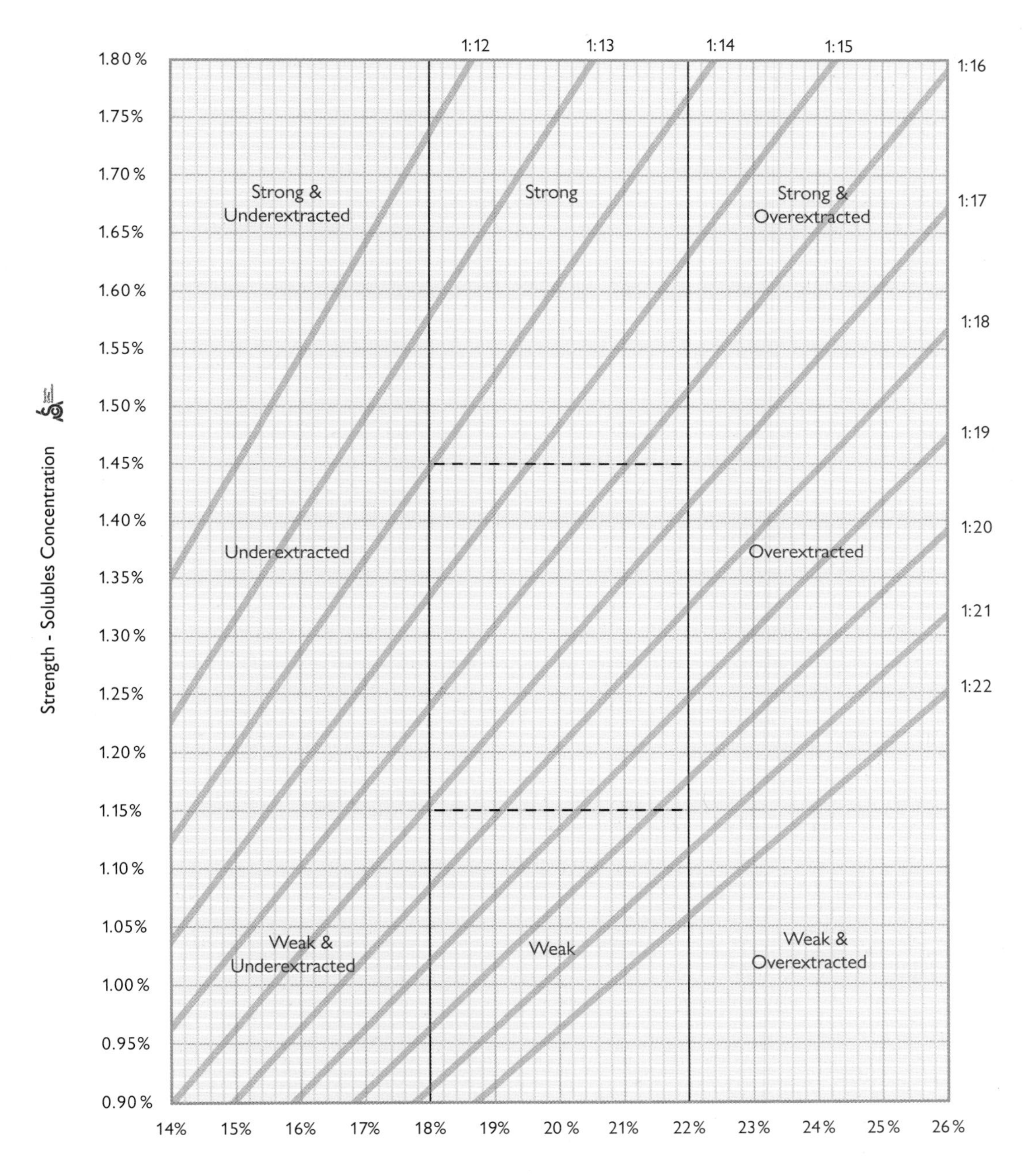
Coffee Brewing Control Chart
Coffee to Water Ratio, by Weight.
(oz:oz or g:g; 1 L = 963g at 93°C)
1:12
1:13
1:14
1:15
1:16
1:17
1:18
1:19
1:20
1:21
1:22
1.80%
1.75%
1.70%
1.65%
1.60%
1.55%
1.50%
1.45%
1.40%
1.35%
1.30%
1.25%
1.20%
1.15%
1.10%
1.05%
1.00%
0.95%
0.90%
14%
15%
16%
17%
18%
19%
20%
21%
22%
23%
24%
25%
26%
Strong & Underextracted
Strong
Strong & Overextracted
Underextracted
Overextracted
Weak & Underextracted
Weak
Weak & Overextracted
Strength - Solubles Concentration
Extraction - Solubles Yield

5) 물의 종류와 온도

물은 신선하고 불쾌한 맛이나 냄새가 없어야 하고 불순물이 없어야 한다. 대체로 칼륨이나 칼슘 함량이 높은 물로 추출하면 커피 맛이 쓰고 날카롭다. 커피를 추출할 때 사용하는 끓인 물은 재사용하지 말고 새 물로 끓여 사용하도록 한다.

(1) 물의 종류

① 경수Hard Water

경도硬度가 높은 물을 '센물'이라고도 한다. 칼슘 및 마그네슘 염류를 비교적 다량으로 함유한 물(알칼리성)로 커피를 추출할 때 사용하면 바디감이 높고 쓴맛이 나는 커피가 추출된다.

칼슘 같은 광물질 성분이 함유되어 있는 물을 사용하면 에스프레소 머신 보일러 내부 벽에 흡착하여 히터를 손상시킬 수 있다.

경도가 높은 물에는 칼슘이온calcium-ion과 마그네슘이온magnesium-ion, 중탄산염$Ca, Mg(HCO_3)_2$, 염화물$Ca, MgCl_2$, 유산염$Ca, MgSO_4$이 비교적 다량 함유되어 있다.

② 연수Soft Water

칼슘이온과 마그네슘이온 함량이 적고 경도硬度가 낮은 물로 '단물'이라고도 한다. 염류 함유량이 적은 연수로 커피를 추출하면 신맛Acidity과 마일드Mild한 커피가 추출된다.

경도가 0~50 ppm이면 연수, 50~100 ppm이면 보통연수, 100~150 ppm이면 약연수라 하고, 그 이상은 경수로 취급한다. 경수를 연수로 만들기 위해서는 연수기를 설치해서 광물질을 제거해야 한다. 무기질이 50~100 ppm 정도 함유되었을 때 커피 맛이 가장 좋다고 알려져 있다.

(2) 물의 온도

추출 적정 온도는 90±5℃로 분쇄도나 로스팅 정도 등에 따라 물의 온도를 달리한다. 온도가 과하게 높은 물로 추출하면 과다 추출이 일어난다. 과다 추출된 커피는 과한 쓴맛과 불쾌한 맛이 날 수 있다. 또한 온도가 과하게 낮은 물로 추출하면 커피의 가용 성분이 적게 추출되어 상대적으로 연하고 밍밍한 맛의 커피가 될 수 있다.

6) 에스프레소 머신 외 기구들

에스프레소 추출에는 머신과 그라인더 외에 커피 가루 표면을 균일하게 다져주는 템퍼, 추출된 에스프레소를 담기 위한 잔, 에스프레소의 양을 잴 수 있는 샷 글라스, 사용한 커피를 버리는 넉박스 등이 필요하다.

(1) 템퍼Temper

팩커Packer라고도 하며, 포타필터Portafilter 안에 담긴 커피 가루를 평평하게 눌러주는 역할을 한다. 커피 가루 표면이 수평이 되지 않으면 그룹헤드에서 나오는 뜨거운 가압 온수가 한쪽으로 쏠려 원활한 추출이 어렵다. 템퍼의 베이스 모양에 따라 플랫Flat, 커브Curve, 리플Ripple로 나뉜다.

(2) 템퍼의 종류

① 플랫 템퍼Flat Temper

- **플랫형** 템퍼의 바닥 면이 완전 평면으로 되어 있다. 숙련된 바리스타라면 원하는 추출 의도에 맞게 가장 이상적인 추출이 가능하다.
- **C-Flat** 완전 평면인 베이스에 가장자리만 커브로 되어 있으며, 바스켓과 분쇄 원두의 밀착력을 높여준다. 숙련도가 낮은 바리스타 누구나 쉽게 사용할 수 있다.

② 커브 템퍼Curve Temper

템핑 시 바스켓과 커피의 밀착력을 높여 좀 더 균일한 템핑이 가능하다.

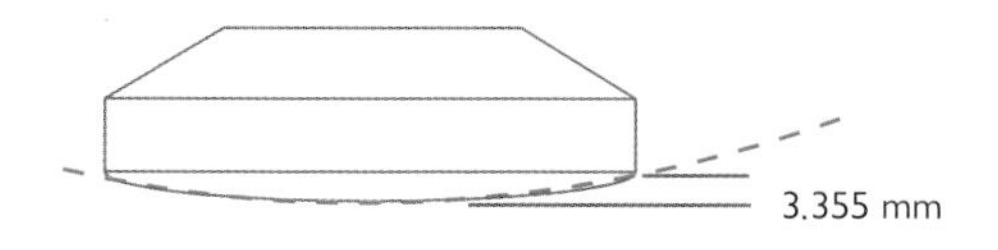

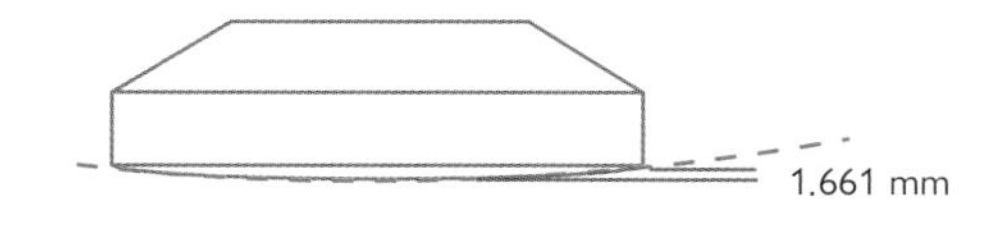

유로 커브(왼)와 U.S. 커브(오)

- **유로 커브**Euro Curve 베이스 바닥 면이 둥글고 베이스 둘레로부터 3.355 mm 더 올라온 볼록한 모양의 템퍼로 유럽 추출 성향에 맞춰져 있다.
- **U.S. 커브**U.S. Curve 베이스 바닥 면이 둥글고 베이스 둘레로부터 1.661 mm 더 올라온 볼록한 모양이다.

③ 리플형과 씨리플형 템퍼

- **리플** Ripple 베이스 바닥면 전체가 물결 모양으로 되어 있다. 물결 사이로 가압수가 골고루 잘 스며들게 한다.
- **씨리플**C-Ripple 가장자리가 비스듬히 각이 져 있는 형태로 리플형 템퍼와 커브형 템퍼의 장점을 살려 바스켓과 커피 가루의 밀착력을 높여준다.

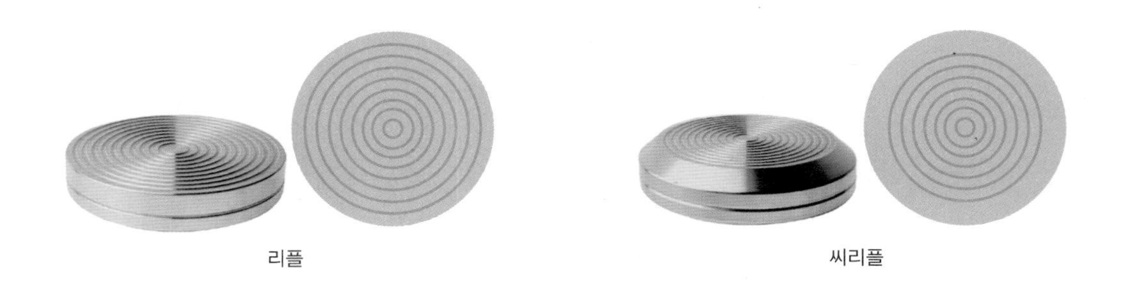

리플 씨리플

(3) 기타 다양한 디스트리뷰터Distributor

디스트리뷰터

자료 : IKAPE 에스프레소 디스트리뷰터

템핑을 좀 더 편하고 균일하게 하기 위한 에스프레소 추출 액세서리 도구들이다.

(4) 샷 글라스와 데미타세

① 샷 글라스 Shot Glass

에스프레소 추출 시 정량을 확인할 수 있도록 눈금이 표시되어 있으며, 에스프레소의 시각적 품질 평가에 도움을 준다. 흰색 긴 줄 기준 30 mL이다. 재질은 보통 강화유리여서 쉽게 깨지지 않고, 커피가 빨리 식지 않도록 두껍게 되어 있다. 눈금은 인쇄 오차가 있을 수 있으므로 실린더와 같은 정확한 기구를 통해 측정하도록 한다.

샷 글라스

② 데미타세 Demitasse

에스프레소를 담는 잔으로 용량은 60~70 mL 정도이다. 보통 흰색의 도기로 되어 있으며, 잔 안쪽이 U자형으로 되어 있어 추출 시 튀지 않고 자연스럽게 안쪽으로 채워지게 되어 있다. 에스프레소가 빨리 식는 얇은 유리나 스테인리스 스틸 재질의 사용은 피하도록 한다.

에스프레소 잔

7) 에스프레소 추출 실전

(1) 에스프레소 추출 순서

STEP 1 **포타필터 분리 후 물 흘리기** 추출하기 전 2~3초 정도 물을 흘려준다.

*과도한 물 흘리기 주의

STEP 2 **포타필터 물기 제거하기** 포타필터를 그룹헤드에서 분리한 후 마른행주나 리넨으로 물기를 닦아준다.

1 물 흘리기
2 포타필터 물기 제거

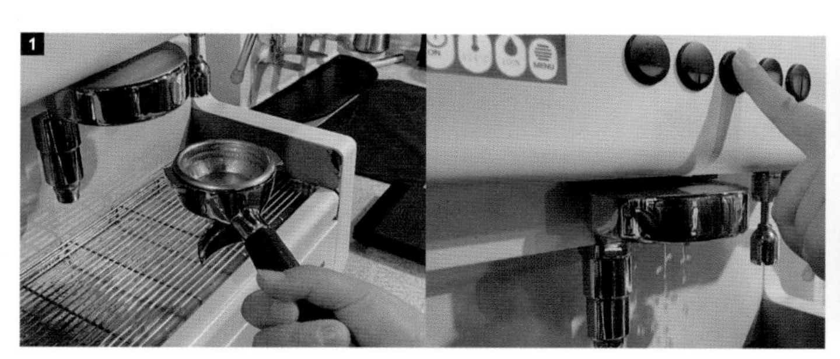

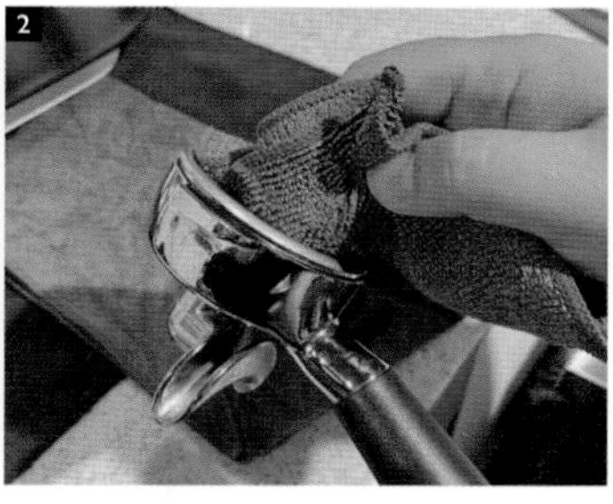

STEP 3 **그라인딩**Grinding(커피 분쇄) 그라인더 거치대에 포타필터를 올려놓고 그라인더를 작동시킨다.

STEP 4 **도징**Dosing(분쇄된 원두 받기) 레버를 규칙적으로 당겨 바스켓에 분쇄된 커피 가루를 담는다. 자동 그라인더일 때 포타필터 밖으로 원두가 떨어지지 않게 깨끗이 잘 받는다.

STEP 5 **레벨링**Leveling(표면 고르기) 원두가 평평하게 되도록 레벨링 도구를 이용하거나 손으로 고르게 편다.

STEP 6 **팩킹**Packing 템퍼를 이용해 적정한 압력으로 눌러 커피 가루 표면을 고르게 맞춰준다. 이때 채널링이 생기지 않도록 기울어지지 않게 수평을 잡아 눌러준다.

STEP 7 **그룹헤드에 포타필터 장착하기** 포타필터를 45도 왼쪽으로 돌린 상태로 평평하게 위로 올려 장착한다.

STEP 8 **에스프레소 추출하기** 포타필터 장착 후 오랜 시간이 지나지 않도록 주의한다.

STEP 9 **커피 찌꺼기 버리기와 정리하기** 포타필터를 분리한 후 포타필터 중앙을 넉박스 고무에 '탁' 하고 가볍게 쳐서 퍽을 버린다. 리넨으로 포타필터를 닦고 그룹헤드에 장착한다.

*찌꺼기가 잘 분리되지 않으면 포타필터를 물로 헹군 후 닦아도 된다.

3 그라인딩
4 도징
5 레벨링
6 템핑, 털기
7 장착
8 추출
9 퍽 버리기, 닦기

COMMENT

물 흘리기 과정

에스프레소를 추출하기 전 머신 그룹헤드에 물 흘리기 과정을 하는 이유는 샤워망에 붙어 있는 커피 찌꺼기를 제거하기 위함이기도 하고, 또 하나는 과열된 물을 빼주기 위해서다. 장시간 추출하지 않은 에스프레소 머신의 물은 과하게 뜨거워져 있어 그 물로 커피를 추출하면 자칫 떫거나 과한 탄 맛을 연출할 수도 있다.

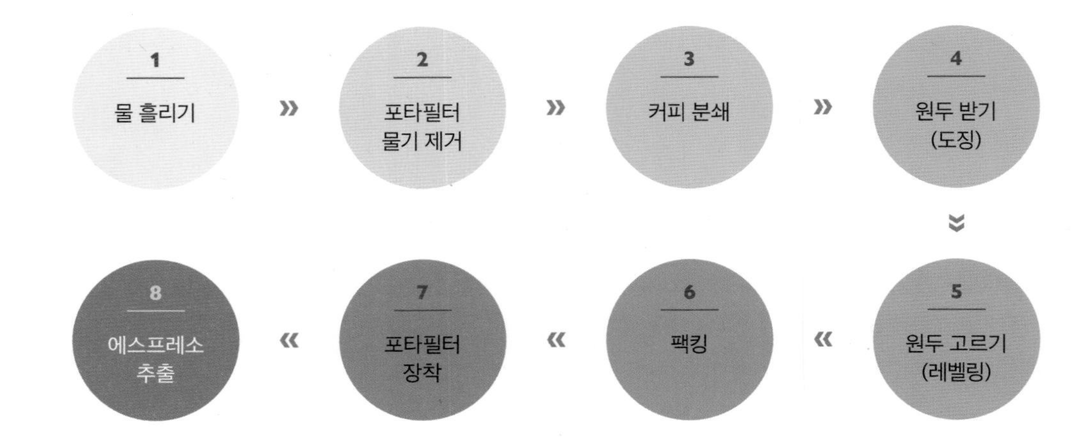

에스프레소 추출 순서

(2) 채널링의 발생

① 채널링Channeling

팩킹 시 포타필터 커피 안에 물길이 생기거나 바스켓 안 원두 가루 밀도가 달라 밀도가 낮은 쪽으로 물이 흘러가는 것을 채널링이라 한다.

② 채널링 발생의 예

- 레벨링을 하지 않거나 바스켓 안쪽 원두 배분이 고르게 되지 않은 경우
- 템핑 시 수평이 맞지 않게 되거나 강한 태핑을 한 경우
- 에스프레소 추출에 맞는 그라인더 입자 조정이 되지 않거나 그라인더 날의 이상으로 입자가 고르지 않게 분쇄된 경우

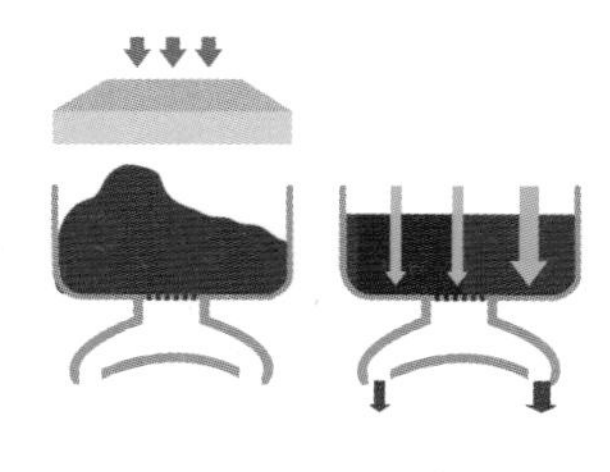

고르게 레벨링을 하지 않고 템핑한 경우

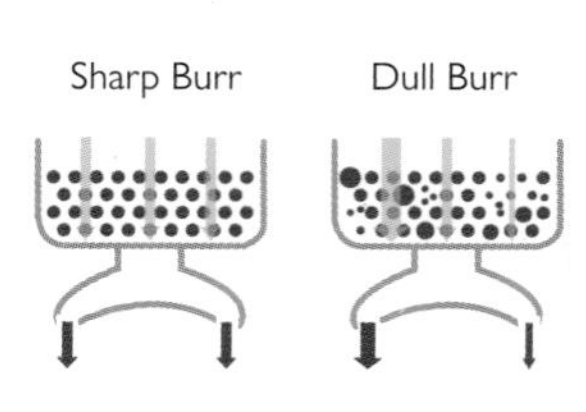

그라인더 날의 이상으로 입자가 고르지 않게 분쇄된 경우

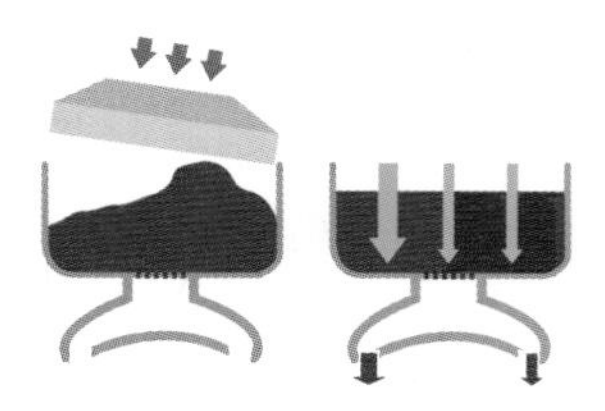

수평이 맞지 않게 템핑한 경우

8) 에스프레소 평가

(1) 수치적 평가

에스프레소 추출의 시간과 양 등을 재어 기준을 만든다. 사용한 커피양과 추출량의 비율에 따라 향미가 차이 날 수 있으므로 여러 번 테스트하여 원하는 향미를 찾아야 한다.

(2) 감각적 평가

에스프레소가 너무 빨리 나오면 커피 성분이 적게 추출되어 시간이 빠르게 추출되거나 시각상 크레마의 색상이 흐리고 두께도 얇아 금방 사라져버려 검은 액이 보이게 된다. 반대로 커피 성분이 너무 많이 나오게 되면 검붉은 색상의 크레마가 나오고 과하게 쓰거나 불쾌한 맛이 연출되므로 항상 적정 범위 안에서 추출이 이루어지도록 해야 한다.

① 정상 추출

정상 추출된 커피는 신맛, 단맛, 쓴맛 중 어느 한 가지가 튀지 않고 균형이 좋으며, 목 넘김이 편안한 에스프레소이다.

② 비정상 추출

맛의 균형이 깨져 어느 한 가지 맛이 튀어 불쾌감을 주거나 날카롭다. 바디감이 너무 약하거나 강해서 쓴맛의 강도 차이가 크게 나며, 거칠고 텁텁한 잡맛이 느껴지는 커피이다.

(3) 에스프레소 크레마 평가

- **과소 추출**Under Extraction 크레마의 색상이 캐러멜색과 비교하면 연하고 크레마의 두께가 얇아 흐트러지거나 홀이 보이거나 크레마가 금방 사라져 커피 액이 보인다.
- **과다 추출**Over Extraction 색상이 전체적으로 흑갈색으로 진하고 탁하며, 지저분해 보인다.

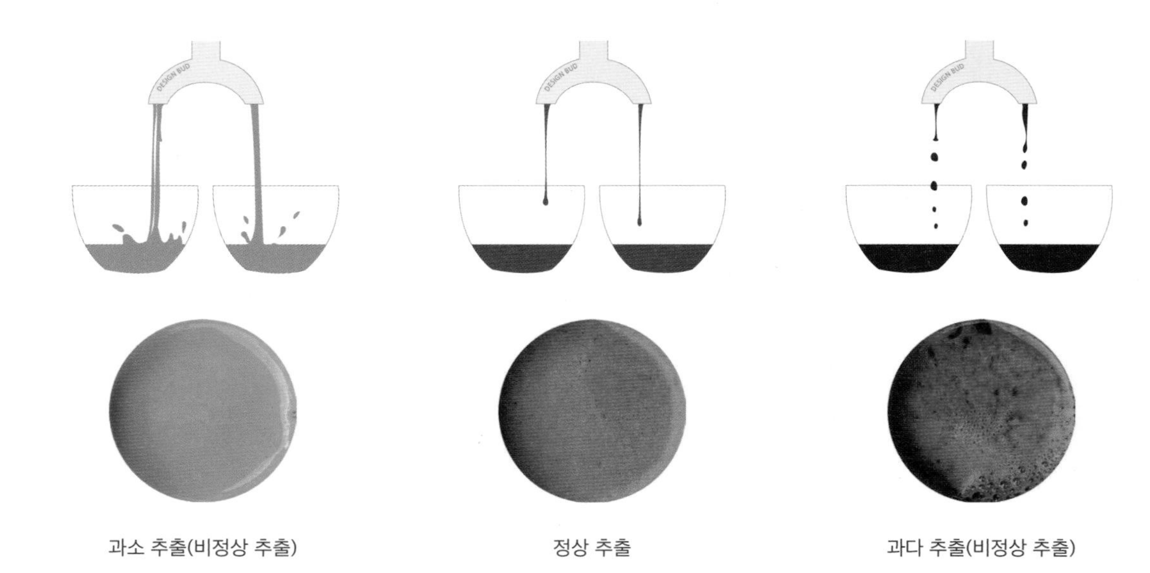

과소 추출(비정상 추출)　　정상 추출　　과다 추출(비정상 추출)

비정상 추출 비교

구분	비정상 추출	
	과소 추출(Under Extraction)	**과다 추출(Over Extraction)**
원두 사용량	• 기준 커피양보다 적다. • 커피 가루양이 적어 물이 빨리 통과해 커피 성분이 적게 추출된다.	• 기준 커피양보다 많다. • 커피 가루양이 많아 물이 천천히 통과해 제대로 추출되지 못한다.
분쇄 입자 크기	• 분쇄 입자가 기준 굵기보다 굵다. • 커피 성분이 제대로 추출되지 않는다.	• 분쇄 입자가 기준 굵기보다 곱다. • 커피 성분이 너무 많이 추출되어 과한 쓴맛이나 떫은맛이 연출된다.
추출 시간	• 짧은 추출 시간	• 긴 추출 시간
추출수 온도	• 기준보다 낮은 온도로 성분이 제대로 추출되지 못한다.	• 기준보다 높은 온도로 과한 성분 추출이 이뤄진다.
바스켓 필터	• 바스켓 필터의 구멍이 넓어지거나 큰 경우 추출이 빨라지고 미분도 딸려 나와 추출 후 컵에 커피 가루가 함께 나온다.	• 구멍이 막히면 추출이 느려지거나 원활히 이뤄지지 않는다.
크레마 상태	• 크레마가 거의 없거나 금방 사라지는 밝은 갈색 또는 연한 베이지색	• 검붉은 흑갈색

PART 03

밀크 스티밍

PART

03

밀크 스티밍

1. 밀크 스티밍

1) 밀크 스티밍Milk Steaming의 원리

우유를 일정한 온도로 데우고 거품을 만들어내는 것으로, 1~1.5 bar에 해당하는 스팀 압력을 이용해 우유 속에 수증기를 분사해 부드러운 거품을 생성한다. 잘 만들어진 거품은 거품이 쉽게 사그라지지 않고 커피와 잘 융화되어 마시기 부드러운 상태로 만들어준다.

① 공기주입 구간 : A구간

공기주입 구간은 공기를 우유에 주입하여 폼을 형성하는 구간이다. 주변 공기를 끌어들여 우유 안으로 집어넣게 되는데 몇 초간 진행되며 전체 작업의 약 70~80%에 해당한다.

② 혼합 구간 : B구간

혼합 구간은 스팀완드를 피처의 가운데에서 한쪽으로 약 2 cm 정도 담근 후 공기주입으로 인해 생긴 우유 거품을 우유와 혼합하고 우유 방울을 잘게 쪼개는 구간이다. B구간을 오래 할수록 고운 거품을 만들 수 있다. 우유는 70℃ 이상 가열되면 단백질과 아미노산이 분리되면서 가열취加熱臭가 생성되어 좋지 않은 맛이 날 수 있으므로 65℃ 정도가 되면 신속히 멈춘다.

밀크 피처에 담긴 적정 우유량과 스티밍 후 늘어난 우유량

COMMENT

밀크 스티밍 원리와 잘못된 예

밀크 스티밍 시 밀크 피처는 반드시 차가운 것을 사용해야 한다.

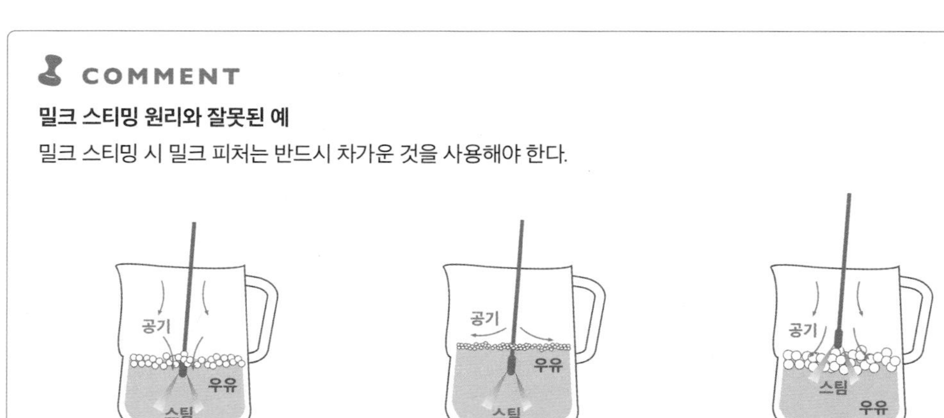

우유와 스팀의 마찰에 의해 거품이 생성된다.

팁을 깊게 담그면 거품이 생기지 않고 우유가 데워진다.

팁이 우유 표면에 붙거나 위에 있으면 거친 거품이 만들어진다.

2) 밀크 피처Milk Pitcher

밀크 피처는 우유를 데우거나 우유 거품을 만들 때 사용한다. 재질은 보통 스테인리스로 되어 있고 600 mL 제품을 주로 사용한다.

(1) 밀크 피처의 용량과 재질

밀크 피처는 용량에 따라 150 mL, 300 mL, 600 mL, 900 mL 등 다양한 크기로 구성되어 있다. 밀크 피처의 용량이 크고 주둥이 부분이 넓을수록 나오는 우유량도 굵게 많이 나온다.

밀크 피처의 재질은 스테인리스와 테플론 등이 있으나 우유의 온도 변화 감지를 위해 주로 스테인리스 재질의 밀크 피처를 사용한다.

밀크 피처 300 mL, 600 mL, 900 mL

자료 : 반킷

(2) 밀크 피처의 구조

밀크 피처의 구조는 우유를 따르는 입구(주둥이)에 해당하는 스파우트Spout, 우유를 담는 몸통 부분, 손잡이로 이루어져 있다. 밀크 피처의 스파우트 모양은 V자형과 U자형이 있다.

(3) 에스프레소 머신의 스팀 노즐 구멍

스팀 노즐의 구멍은 보통 네 개로 간격이 넓거나 좁은 형태이다. 노즐 팁의 깊이도 깊거나 얕은 형태로 다양하다. 노즐의 스팀 분사 구멍의 개수나 간격에 따라 스팀 강도가 달라질 수 있다.

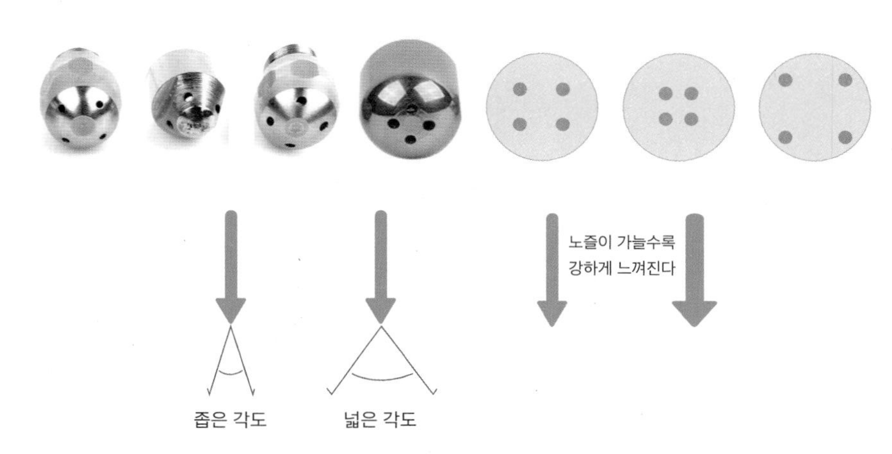

에스프레소 스팀 노즐 팁 스팀 구멍

스팀 노즐의 각도와 두께에 의한 분출 강도 차이

(4) 스팀 밸브 작동 방식

스팀 밸브 작동 방식은 보통 턴Turn 방식과 업다운Updown 방식이 있으며, 기계마다 여러 형태의 방식이 있다.

턴 방식 : 돌려서 나오는 방식

업다운 방식 : 위아래로 작동하는 방식

3) 밀크 스티밍 순서

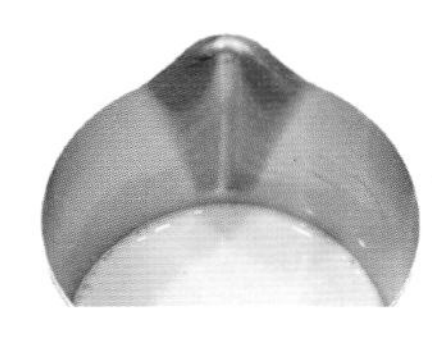

① 밀크 피처에 우유 담기

600 mL 피처 안쪽 움푹 들어간 선에서 대략 0.5 cm 아래로 우유를 붓거나 무게를 재서 우유가 남지 않도록 붓는다. *180~200 mL 카푸치노 잔 2잔 용량

② 스팀 분출하기

스팀완드를 젖은 행주로 감싸 2~3초간 노즐을 열어 분사한다. *스팀을 분출하는 이유 : 스팀완드 안에 고여 있는 물과 압력의 제거 및 사용 후 남아 있는 우유를 씻어내기 위해

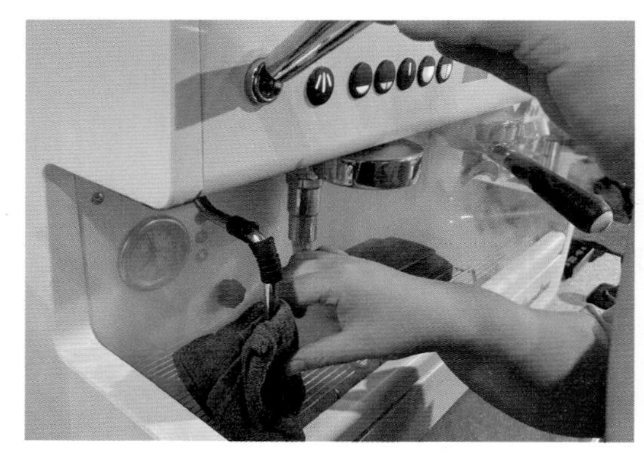

③ 스팀완드 우유에 담그기

팁 끝에서 약 1 cm 정도를 우유에 담근다. *너무 얕게 담그거나 표면에 닿을 정도로만 하면 우유가 사방으로 튈 수 있어 주의해야 한다.

④ 레버 열기와 거품 내기

스팀밀크 상태는 공기주입량(A구간)과 혼합 정도(B구간)에 따라 달라진다. 공기주입량은 우유 거품의 양에 영향을 끼치고, 혼합 정도는 우유 거품의 질감에 영향을 준다.

⑤ 레버 닫기와 스팀 분출하기

스티밍 종료 후 즉시 스팀완드에 묻어 있는 우유를 젖은 행주로 깨끗이 닦고 레버를 열어 스팀을 빼준다. *우유 찌꺼기로 인해 스팀완드의 구멍이 막히는 것과 스팀완드에 묻은 우유로 인한 세균 번식을 막아준다.

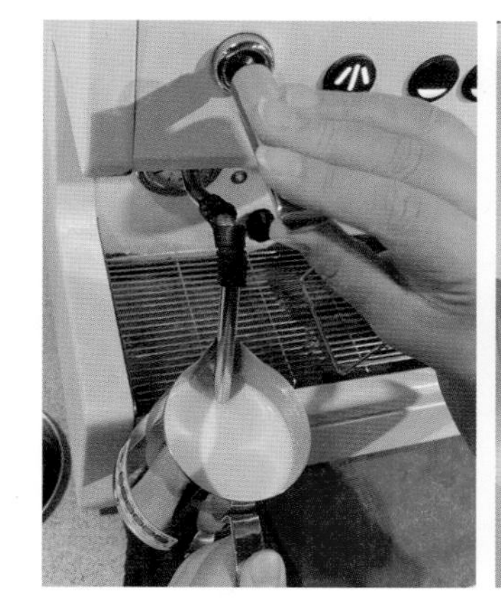

2. 카푸치노와 카페라테

1) 카푸치노Cappuccino

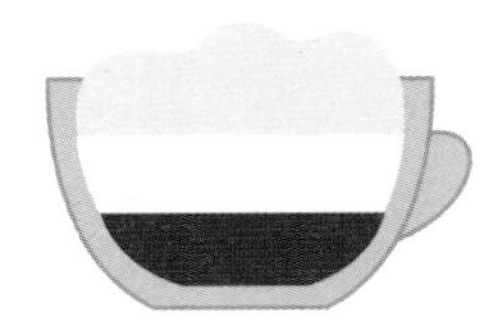

카푸치노는 이탈리아어로 에스프레소와 뜨거운 우유, 그리고 우유 거품을 얹은 커피 음료로, 거품 위에 코코아 가루나 계핏가루를 뿌려 마시기도 한다. 카푸치노는 카페라테에 비해 우유의 양이 적고 거품이 많은 편이다.

카푸치노라는 이름은 프란치스코 수도회인 '카푸친 작은 형제회Order of Friars Minor Capuchin'에서 비롯되었는데 수도자들이 입은 갈색 수도복이 카푸치노를 닮아 이름 지어졌다고 전해진다.

① 카푸치노 만들기

에스프레소와 섞일 수 있도록 우유를 잔 전체에 돌려가며 부어 안정시킨다. 안정화가 끝나면 피처를 다시 아래로 내리면서 천천히 동그라미가 생기기 시작하면 피처를 가운데로 밀어주듯 부어 원이 생기면 컵 윗부분에 약간 봉긋할 정도로 붓고 마무리한다.

2) 카페라테Caffè Latte

카페라테는 이탈리아어로 에스프레소에 뜨거운 우유를 넣은 커피 음료를 말한다. 에스프레소에 뜨거운 우유를 붓고 우유 위에 약 5 mm 정도 거품층을 올린다. 카푸치노에 비해 우유량이 많고 거품이 적다.

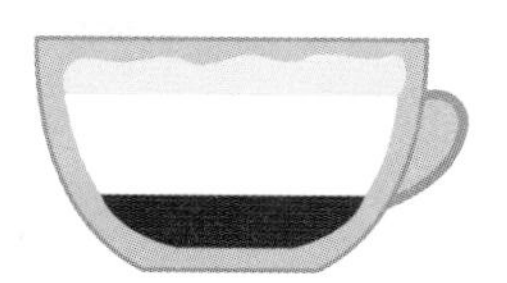

3) 라테아트Latte-art

라테아트는 에스프레소를 컵에 추출한 후 밀크 스티밍을 이용하여 그 위에 그림이나 여러 패턴을 그려 넣는, 커피 음료를 디자인하는 작업이다. 커피 맛과 더불어 시각적 즐거움을 주는 숙련된 바리스타의 기술이다.

다양한 디자인의 라테아트

(1) 밀크 피처 스파우트의 형태에 따른 유량

밀크 피처의 주둥이 부분(스파우트)의 폭이 넓을수록 스팀 우유를 붓는 양이 많아지고, 좁을수록 나오는 양이 적다. 스파우트의 모양은 U자 형태와 V자 형태가 있다. U자 형태는 폭이 넓고 둥글며 유량의 속도가 빠르고 나오는 양이 많아 굵은 라테아트 표현에 좋다. V자 형태는 속도와 유량이 U자에 비해 상대적으로 낮아 라테아트를 할 때 가늘고 섬세한 표현이 가능해 복잡한 그림 표현에 유리하다.

(2) 우유 표면 큰 거품 없애기

스티밍 종료 후에도 거친 거품이 남아 있다면 밀크 피처의 바닥을 테이블 위에서 2~3회 살짝 내리쳐서 큰 거품을 없애준다. 그런 후 피처 앞머리를 들고 회전시켜 윗부분의 우유 거품과 아랫부분의 우유가 자연스럽게 섞이도록 한다.

① 라테아트 기술

- **공기주입** 우유에 거품을 생성하기 위한 작업
- **혼합** 생성된 거품을 작게 쪼개고 우유와 섞는 과정
- **안정화** 밀크 피처의 낙차를 이용해 우유를 에스프레소에 섞는 작업
- **핸들링과 무빙** 유량과 유속을 적정하게 하여 피처를 좌우로 흔들어 패턴을 만드는 작업
- **드롭** 우유 거품으로 조금씩 점을 찍듯 그리는 기술
- **에칭** 에칭 펜을 이용하여 패턴을 만드는 기술

3
4
5
6
7
8
9
10

3. 카페 메뉴 제조

1) 에스프레소 메뉴

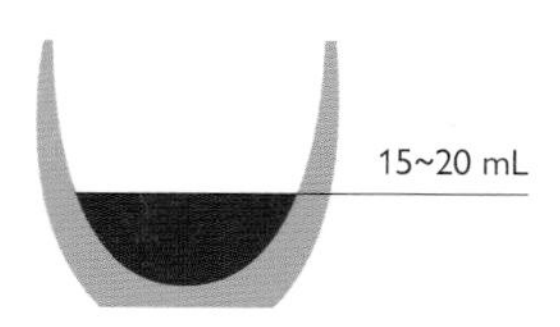

(1) 리스트레토 Ristretto

시간을 짧게 추출(약 15~20초)하여 적은 양(약 15~20 mL)의 에스프레소를 제공한다. 에스프레소 추출에 비해 응축된 진한 맛을 느낄 수 있다.

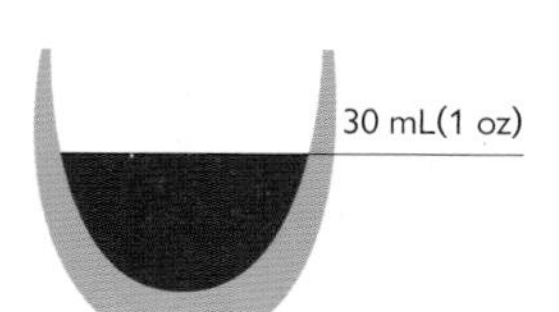

(2) 에스프레소 Espresso

20~30초 사이에 25~30 mL 정도를 추출한다. 보통 30 mL를 1온스(단위는 oz)라고 표기한다. 카페 메뉴의 가장 기본이다.

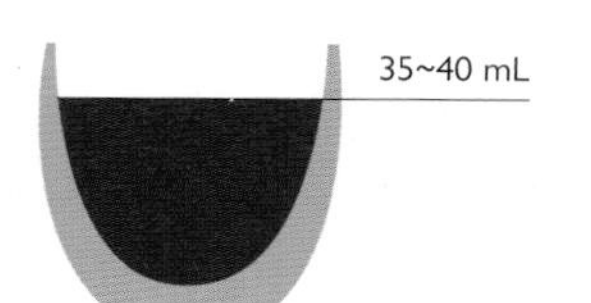

(3) 룽고 Lungo

영어의 롱Long의 의미로 정상적인 에스프레소보다 추출 시간을 길게 하여 약 35~40초 사이에 35~40 mL 정도로 추출한 음료로 진한 아메리카노 같은 느낌을 준다.

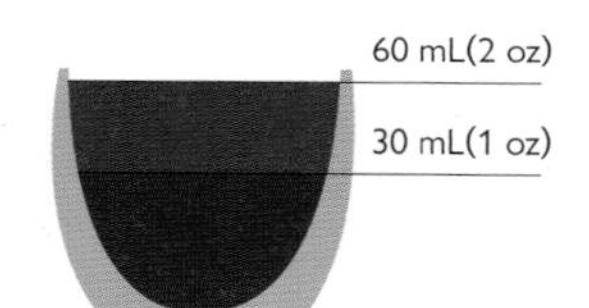

(4) 도피오 Doppio

더블 에스프레소Double Espresso 또는 투 샷Two Shot, 더블 샷Double Shot이라고도 불리며, 보통 에스프레소 양의 두 배 정도이다.

2) 에스프레소를 이용한 카페 메뉴

(1) 에스프레소 마키아토 Espresso Macchiato

에스프레소 리스트레토를 추출한 후 스팀 우유를 얹는다.

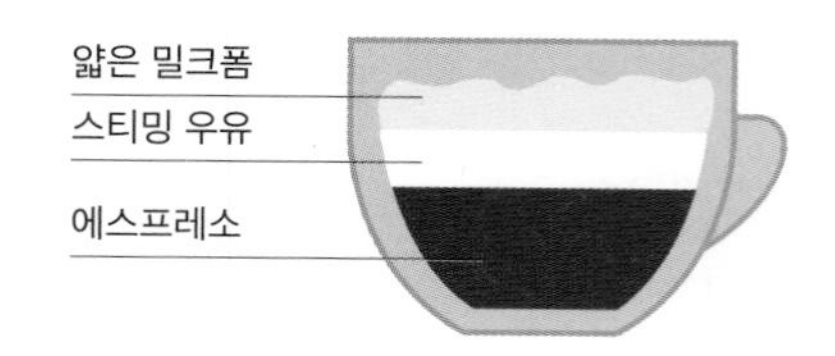

(2) 에스프레소 콘 판나 Espresso con Panna

에스프레소 리스트레토를 추출한 후 휘핑크림을 얹는다.

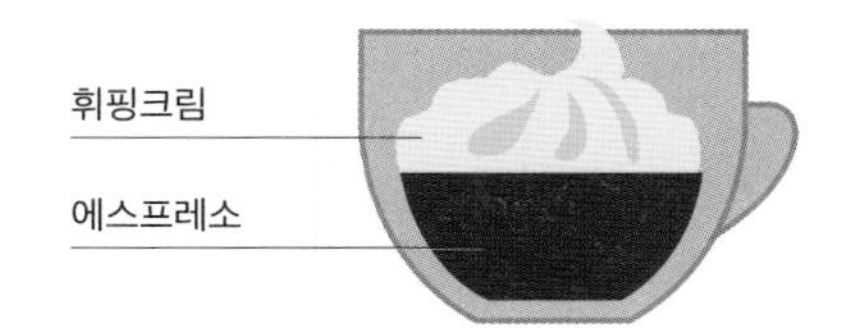

(3) 아메리카노 Americano

① HOT 아메리카노

컵에 뜨거운 물을 붓고 에스프레소를 물 위에 띄우듯 붓거나 바로 컵에 추출한다.

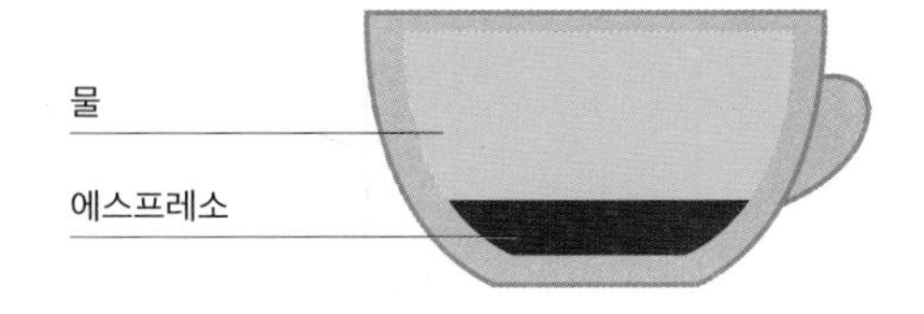

② ICE 아메리카노

컵에 얼음을 넣고 70%까지 물을 채운다. 그 위에 에스프레소를 띄우듯 부어준다.

(4) 카페라테 Caffè Latte

① HOT 카페라테

잔에 에스프레소를 추출하고 스팀 우유를 붓는다.

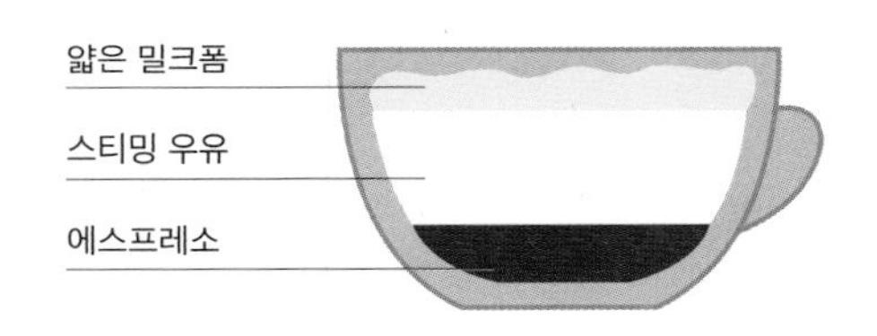

② ICE 카페라테

컵에 얼음을 넣는다. 찬 우유를 붓고 에스프레소를 가만히 붓는다. 기호에 따라 바닐라나 캐러멜 시럽을 첨가할 수 있다.

(5) 카푸치노 Cappuccino

① HOT 카푸치노

컵에 에스프레소를 넣고 기호에 따라 시나몬 파우더를 에스프레소에 붓거나 마지막에 거품 위에 토핑할 수 있다. 스팀 우유를 에스프레소에 붓는다.

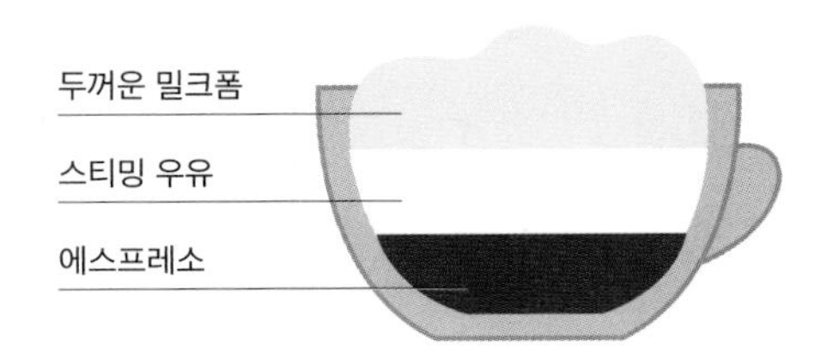

② ICE 카푸치노

아이스용 컵에 얼음을 넣는다. 찬 우유를 붓고 에스프레소를 가만히 붓는다. 거품기로 우유 거품을 만들어 그 위에 얹고 기호에 따라 시나몬 파우더를 뿌려준다.

(6) 캐러멜 마키아토 Caramel Macchiato

① HOT 캐러멜 마키아토

컵에 에스프레소와 캐러멜 소스를 넣고 잘 저어준다. 스팀 우유를 붓고 거품을 올린 후 그 위에 캐러멜 소스를 얹는다.

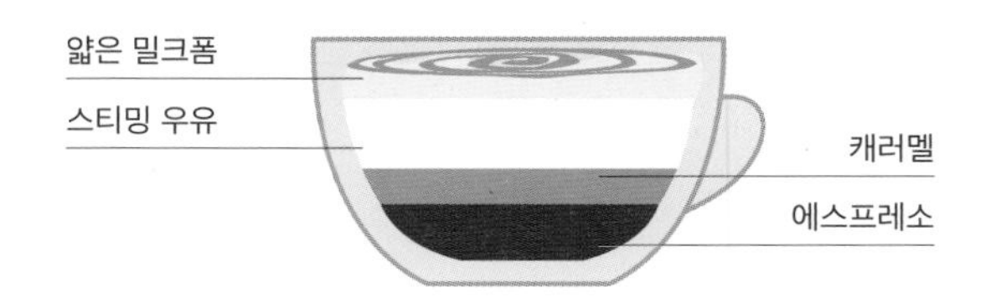

② ICE 캐러멜 마키아토

컵에 얼음을 넣고 에스프레소와 캐러멜 소스를 넣어 잘 저어준다. 찬 우유를 넣고 그 위에 우유 거품을 얹어 캐러멜 소스를 얹는다.

(7) 카페모카 Caffè Mocha

① HOT 카페모카

컵에 에스프레소와 초콜릿 소스를 넣고 잘 저어준다. 스팀 우유를 붓고 우유 거품을 올린 후 휘핑크림을 얹는다.

② ICE 카페모카

에스프레소에 초콜릿 소스를 넣어 잘 섞는다. 찬 우유를 붓고 저어준 후 컵에 담는다. 휘핑크림을 올려 마무리한다.

PART

04

커피 기계 운용

PART

04

커피 기계 운용

1. 에스프레소 머신

1) 에스프레소 머신Espresso Machine 구조

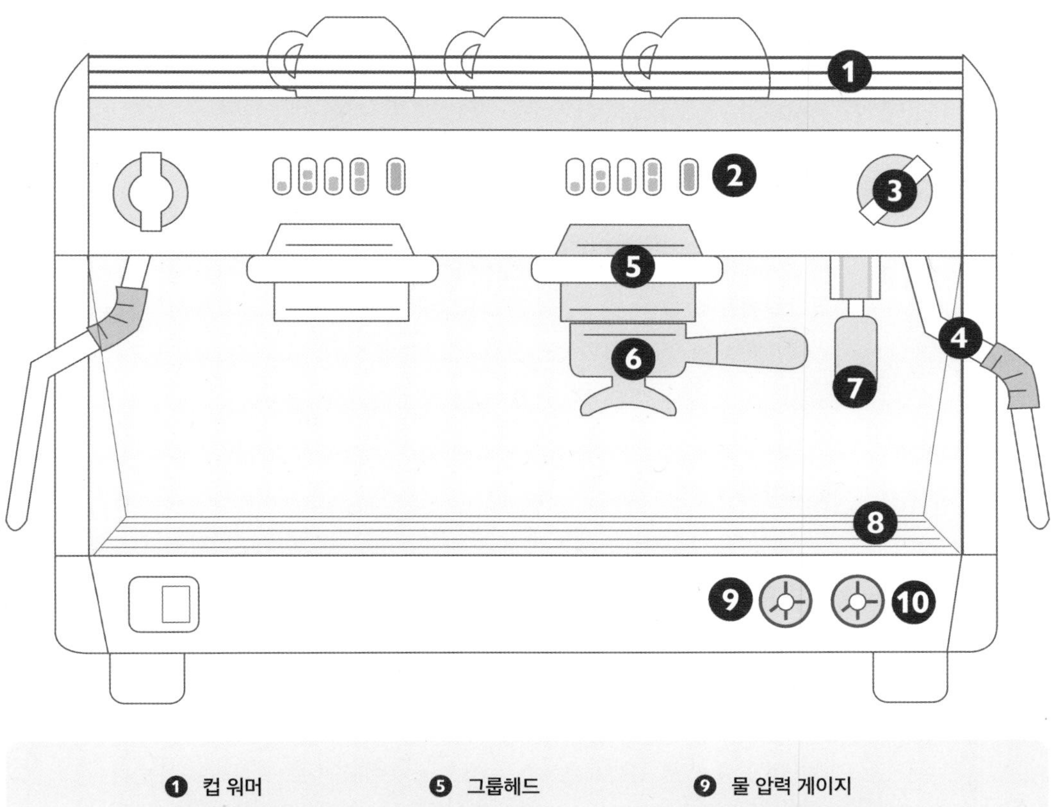

❶ 컵 워머
❷ 추출 제어 버튼
❸ 스팀밸브
❹ 스팀완드
❺ 그룹헤드
❻ 포타필터
❼ 온수 디스펜서
❽ 드립 트레이
❾ 물 압력 게이지
❿ 보일러 압력 게이지

① 컵 워머Cup Warmer

기물의 건조와 컵을 데워주는 역할을 한다.

② 추출 제어 버튼Coffee Control Buttons

리스트레토 싱글샷(1샷), 더블샷(2샷), 에스프레소 싱글샷(1샷), 더블샷(2샷) 버튼이 있고, 맨 오른쪽에 보통 연속 추출 버튼이 있다.

③ 스팀밸브Steam Valve

보통 왼쪽으로 돌리면 스팀이 열리고 반대로 하면 멈춘다. 위로 올리거나 아래로 내려 사용하는 밸브도 있다.

④ 스팀완드Steam Wand

스팀이 분사되는 막대 형태로 스팀완드 또는 스팀 파이프 등으로 불리며, 분사 구멍의 개수와 구멍의 위치에 따라 분사 각도와 스팀 시간이 다르다.

⑤ 그룹헤드Group Head

포타필터를 장착하는 곳으로 그룹의 개수에 따라 1그룹, 2그룹, 3그룹 머신으로 구분한다. 일반 매장에서는 보통 2그룹 머신을 많이 쓴다.

⑥ 포타필터Potafilter

커피를 담는 도구로 포타필터 또는 필터홀더라고 부른다. 포타필터는 항상 청결히 하여 그룹헤드에 장착하여 사용한다.

⑦ 온수 디스펜서Hot Water Dispenser

온수를 추출하는 버튼이다. 음료 제조 시 많은 양의 음료를 만들면 물의 온도가 내려가 편차가 생기므로 보통은 워터 디스펜서를 따로 설치해 사용한다.

⑧ 드립 트레이Drip Tray

배수구가 있는 배수용 받침대로 매일 분리하여 청결을 유지해야 한다.

⑨ 물 압력 게이지Water Pressure Gauge

전원을 켜면 바늘이 서서히 올라가 1~1.5 bar 사이에 위치한다. 스팀 온수 예열이 끝나면 기계를 사용할 수 있다.

⑩ 보일러 압력 게이지Boiler Pressure Gauge

추출 버튼을 누르면 작동하여 9~10 bar로 올라간다. 추출 버튼을 눌렀을 때 올라가는 수치가 머신의 압력에 해당한다. 9 bar 이하로 떨어지면 머신이 제대로 작동하지 않는 것이므로 매일 확인해야 한다.

2) 기타 구조

① 전원 버튼

전원을 공급하는 스위치로 머신이 예열될 때까지 시간이 걸리므로 절전 상태로 두고 사용하는 매장이 많다. 또한 겨울에는 머신 위치에 따라 동파 위험도 있어 전원을 끄지 않는다.

② 그룹 개스킷

포타필터를 그룹헤드에 장착하여 에스프레소를 추출할 때 압력이 새지 않도록 막아주는 역할을 한다. 오래 사용하면 경화되어 교체 시 돌을 부수듯 깨서 파내야 하는 일도 있으니 6개월에 한 번 정도는 점검 후 교체해 주는 것이 좋다.

③ 스크린과 스크린 홀더

샤워망이라고도 불리는 스크린은 포타필터 커피 위에 물을 골고루 분사하는 역할을 한다. 머신에 따라 영구 사용할 수 있는 스크린도 있으나 보통은 샤워망을 교체해 주어야 한다. 간혹 샤워망이 찢어지는 일도 있으므로 주기적으로 점검하고 분리해서 씻는다.

3) 에스프레소 머신 그룹

포타필터를 장착하는 그룹의 개수가 한 개이면 1그룹 머신, 두 개이면 2그룹 머신, 세 개이면 3그룹 머신으로 구분한다. 3그룹 머신은 대형매장에서 사용하고 보통은 2그룹 머신을 사용한다. 커피가 주가 아닌 매장에서는 1그룹 머신을 사용하기도 하나 2그룹 머신에 1그룹을 따로 두어 사용하는 매장도 있다.

(왼쪽부터 순서대로)
1그룹 머신, 2그룹 머신,
3그룹 머신

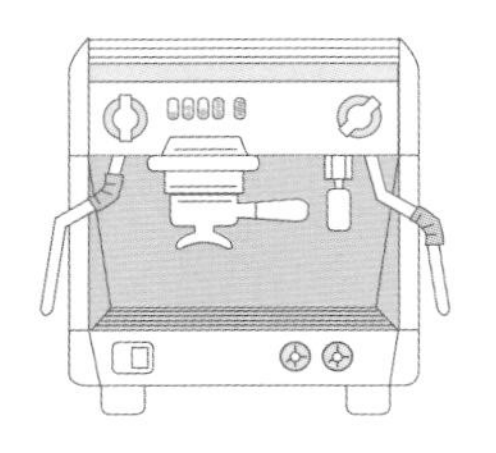

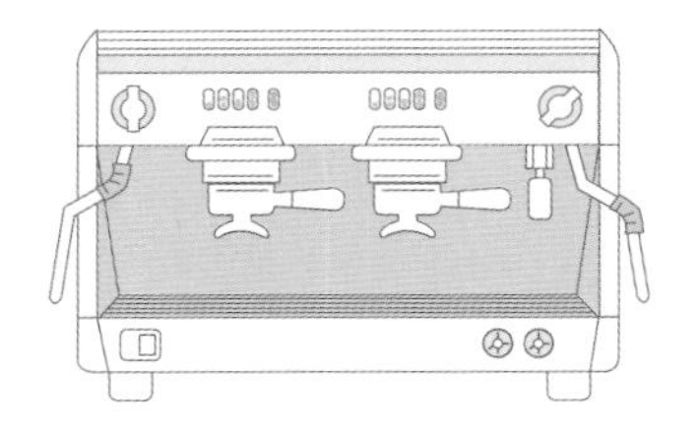

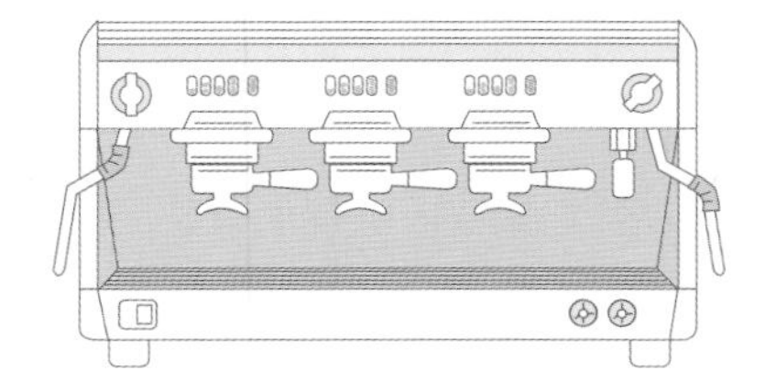

4) 에스프레소 머신 부품과 기능

(1) 그룹헤드Group Head

포타필터를 장착하는 장치로 샤워 필터를 통해 뜨거운 물이 분사된다. 온도 유지를 위해 두꺼운 크롬도금의 동으로 되어 있다.

(2) 포타필터Portafilter

분쇄한 커피 가루를 담아 그룹헤드에 장착시켜 에스프레소를 추출하는 기구로 54 mm 크기는 가정용 머신에, 58 mm는 주로 상업용 에스프레소 머신에 이용된다.

싱글샷 스파우트와 바스켓이 달린 포타필터와 더블샷 스파우트와 깊은 바스켓이 달린 포타필터가 있다.

(왼쪽부터 순서대로) 포타필터, 싱글 바스켓, 싱글샷 스파우트, 더블 바스켓, 더블샷 스파우트

(3) 전열기 Heating Element

전열기는 코일 안으로 흐르는 전기를 통해 보일러의 물을 빠르게 최대 350℃로 가열시켜 주는 장치로 보일러 안에 장착되어 있다. 보통 부식방지를 위해 동이나 스테인리스 소재로 되어 있다.

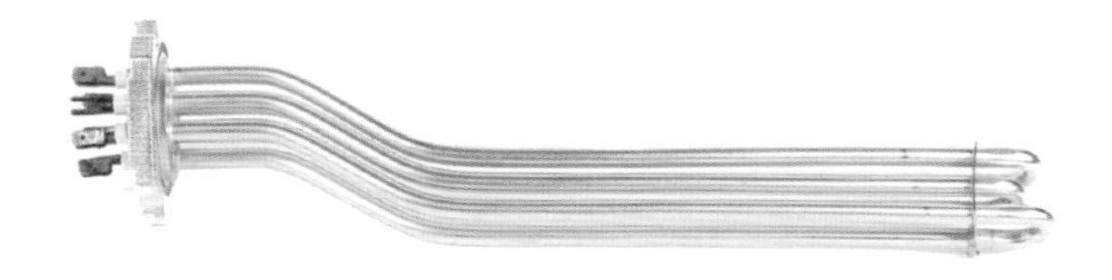

(4) 솔레노이드 밸브 Solenoid Valve

솔레노이드와 밸브가 결합한 형태로 펌프로부터 오는 물의 공급을 관장한다. 평상시에는 밸브가 잠겨 있는 상태로 있다가 에스프레소를 추출하려고 물을 사용할 때나 보일러의 수위 감지 봉에 물이 모자라다는 신호가 오면 보일러에 물을 채우기 위해 밸브를 개폐한다.

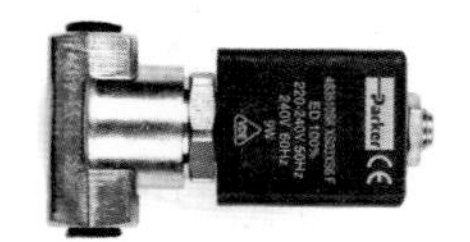

(5) 보일러 Boiler

보일러 내부에 설치되어 있는 전열기가 물을 가열해 주고 저장하여 온수와 스팀을 공급한다. 에스프레소 머신의 보일러에는 단일형·개별형·분리형·혼합형 보일러가 있다.

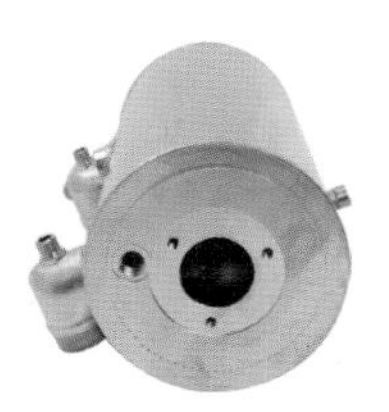

(6) 수위 감지 봉Auto Fill Probe

외부에서 들어오는 찬물이 펌프와 솔레노이드 밸브를 거쳐 보일러로 들어온다. 이때 내부 열교환기를 통해 물이 데워져 커피를 추출하게 되는데, 보일러 내부의 물 양을 일정하게 유지하기 위해 수위를 감지하는 역할을 한다. 형태는 긴 쇠송곳같이 생겼으며, 감지 봉 끝에서 물 수위가 내려가면 물을 공급할 수 있도록 신호를 보낸다.

(7) 펌프Pressure Pump

펌프 내 임펠러Impeller가 전기 모터에 의해 작동되며 수압 조절 나사로 물의 압력을 조절한다. 상업용 머신과 반자동 머신에 주로 사용된다. 커피를 추출할 때 일정한 압력을 가하는 역할을 한다.

임펠러와 임펠러가 장착된 전기 모터

(8) 릴리프 밸브Relief Valve

스팀 압력이 1.8~2 bar 이상 올라가는 과한 압력을 방지하기 위해 상부에 달린 핀이 올라가면서 구멍으로 스팀을 분출시켜 압력을 낮춰주는 역할을 한다.

(9) 게이지Gauge

에스프레소 머신의 게이지는 수압계와 스팀 압력계로 되어 있다. 추출 시 게이지를 확인하여 문제가 없는지 수시로 점검해야 한다.

- **수압계** Pump Pressure Gauge 에스프레소 추출 시 물 압력을 1 bar 단위로 표시해준다.

1 bar = 1.0197 kg/cm² = 1 kg/cm²

8~10 bar = 8~10 kg/cm²

- **스팀 압력계** Boiler Pressure Gauge 스팀 압력을 표시해 주는 장치로 녹색으로 사용범위를 표시한다. 스팀 압력이 1.8~2 bar 이상으로 과하게 올라가면 릴리프 밸브의 상부 핀이 올라가 구멍 사이로 스팀이 분출하면서 과열된 압력을 낮춰준다.

(10) 유량계 Flow Meter

커피 추출 시 물의 흐름을 감지해 커피 추출량을 조절해 주는 역할을 한다. 가운데 6개의 날개 모양 자석이 회전하면서 회전 수를 체크해 조절한다.

(11) 스팀완드 Steam Wand

보통 1그룹 에스프레소 머신을 제외하고 머신 양쪽에 각각 한 개씩 굵은 쇠막대 모양의 스팀완드가 있다. 우유에 고온의 스팀을 넣어 우유 거품을 생성하여 카페라테나 카푸치노 같은 커피 음료를 제조한다.

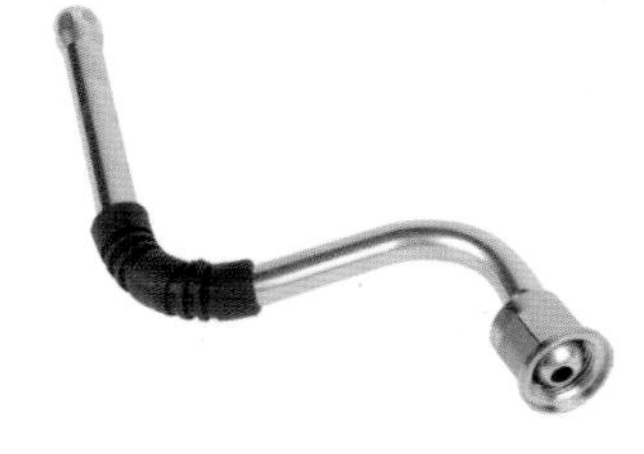
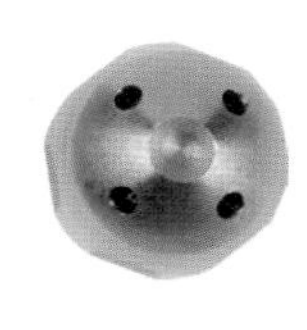

(12) 온수 노즐 Nozzle

에스프레소 머신 보일러에서 데워진 뜨거운 물이 머신 외관으로 나오는 관으로 마치 수도꼭지처럼 돌출되어 있다. 이 온수 노즐을 통해 뜨거운 물이 나온다. 

다양한 온수 노즐 부품

5) 에스프레소 머신 유지와 관리

(1) 에스프레소 머신 청소

에스프레소 머신의 압력을 이용하여 그룹헤드와 관내 찌꺼기를 청소한다. 이때 머신 청소용 세정제를 이용하여 물만으로 씻기 어려운 기름때를 제거해 준다.

(2) 전용 세제를 이용한 백 플러싱Back Flushing

물로만 하는 청소로는 이물질 제거 및 배관 내 오물이 충분히 제거되지 않으므로 백 플러싱을 이용한 청소를 해야 한다. 포타필터에 장착된 바스켓을 제거하고 구멍이 없는 블라인드 바스켓Blind Basket을 장착하여 약품을 넣고 에스프레소 머신의 압력을 이용하여 배관 내 찌꺼기를 제거하는 청소 과정이다. 세제는 배관이나 그룹헤드에 축적된 커피 오일을 제거해 주므로 자주 청소해 주는 것이 좋다.

준비물 에스프레소 머신 전용 청소 솔, 스테인리스 또는 고무 블라인드 바스켓, 가루나 알약 형태의 전용 세정제 *반드시 전용 세제 사용

청소방법

① 포타필터 안에 기존 추출용 바스켓을 제거한 후 구멍이 없는(블라인드) 바스켓을 장착한다. 머신 전용 청소 가루세제 1스푼 약 1~2 g 또는 세정제 1알을 넣고 그룹헤드에 장착한다.

② 연속 추출 버튼을 눌러 에스프레소 머신을 작동시키면 물이 빨려 들어가는 듯한 역류하는 소리가 나면서 청소가 시작된다.

③ 약 10~20초 정도 진행하고 정지시킨 후 약 10초 후 연속 추출 버튼을 눌러 다시 실행한다. 맑은 물이 나올 때까지 같은 방법을 약 10회 정도 실시한다.

④ 포타필터를 분리하고 찌꺼기를 제거한 후 연속 추출 버튼을 눌러 여러 번 청소한다.

(3) 기타 도구 청소

① 포타필터 청소

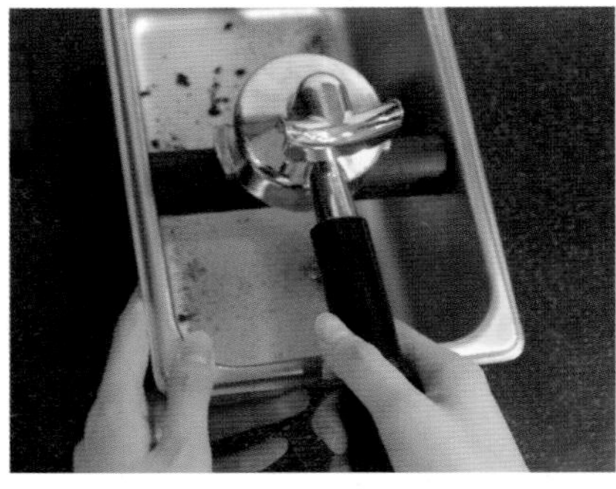

커피 찌꺼기(퍽) 버리기

포타필터 세척하기

② 그라인더와 주변 정리

그라인더에 남아 있는 원두 버리기

그라인더 안쪽 청소하기

③ 세제를 이용한 청소

포타필터 안 바스켓을 빼낸 후 넉박스Knockbox나 스테인리스 볼에 에스프레소 머신용 세제를 넣고 약 30분 정도 담근 후 부드러운 솔로 문질러 닦는다. 이때 남은 세제 물을 이용해 포타필터나 밀크피처, 스팀완드 팁 등을 함께 닦아 오염을 제거한다.

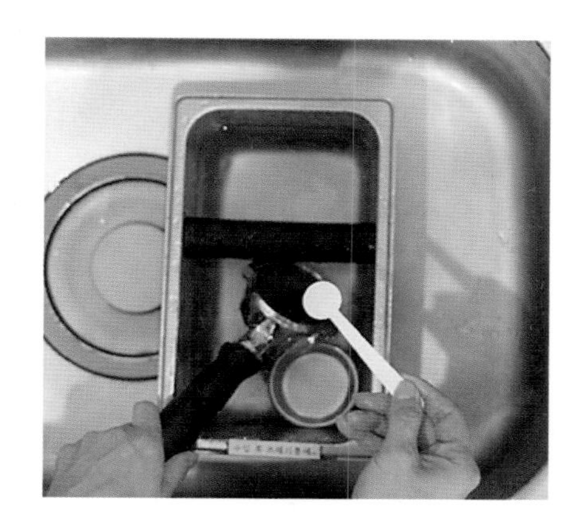

2. 그라인더

에스프레소 그라인더Grinder 날은 그라인더에서 가장 중요한 부분으로 두 개가 한 쌍으로 되어 있다. 평판형(플랫) 커팅 방식 구조로 커피 입자를 더욱 작게 분쇄할 수 있으나 열 발생이 많아 그라인더 날의 교체 주기가 그만큼 짧아진다.

분쇄 시 발생하는 열을 내려주기 위해 그라인더 사용 시간의 두 배 이상의 휴식 시간을 가져야 한다. 그라인더가 용량 이상으로 작동되면 칼날이 마모되고 모터의 과열로 인해 분쇄 품질이 저하된다. 그라인더 날은 일반적으로 64 mm 평면 날을 기준으로 커피 300~400 kg을 분쇄했을 때 교체해 주는 것이 좋다.

1) 그라인더 구조

❶ **호퍼 리드** 호퍼의 뚜껑으로 이물질 및 공기와의 접촉을 막아준다.
❷ **호퍼** 원두를 담는 통
❸ **호퍼 게이트** 호퍼와 분쇄기 사이 막
❹ **분쇄 입자 조절** 숫자가 클수록 굵은 입자
❺ **도저** 분쇄된 원두를 보관하는 통
❻ **동작 레버** 분쇄커피 배출 레버
❼ **동작 스위치** ON/OFF 스위치
❽ **받침대** 커피 가루 받침대

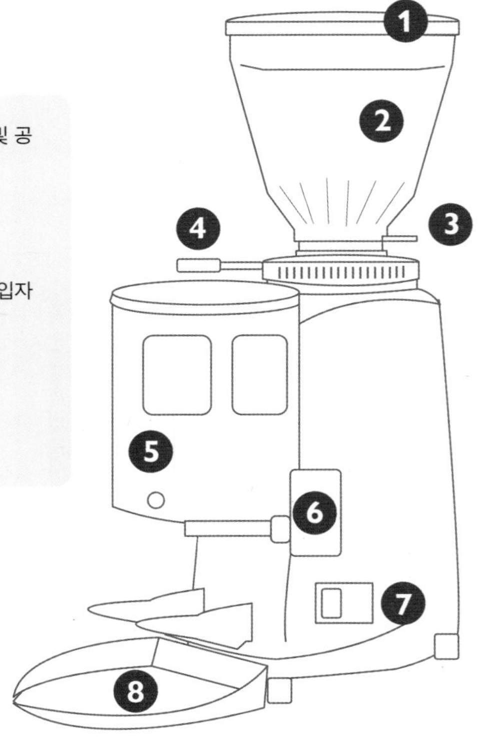

2) 그라인더 종류

그라인더는 분쇄 원리에 따라 충격식Impact과 간격식Gap으로 나눌 수 있다. 충격식에는 가정용 블레이드 그라인더Blade grinder형이 있으며, 간격식에는 코니컬 버Conical burr와 플랫 버Flat burr 형태가 있다.

자동 그라인더

<table>
<tr><th>분쇄 원리</th><th colspan="3">그라인더 날의 형태</th></tr>
<tr><td>충격식</td><td colspan="3">블레이드 그라인더(칼날형) : 가정용</td></tr>
<tr><td rowspan="4">간격식</td><td rowspan="3">버형
(Burr)</td><td colspan="2">코니컬 버(원뿔형 날) : 핸드밀, 에스프레소용 밀</td></tr>
<tr><td rowspan="2">플랫 버
(평면날)</td><td>그라인딩 방식(Grinding mill) : 드립용 그라인더
(맷돌 방식)</td></tr>
<tr><td>커팅 방식(Cutting mill) : 에스프레소용 그라인더</td></tr>
<tr><td colspan="3">롤 그라인더(Roll grinder) : 산업용 그라인더</td></tr>
</table>

에스프레소 머신 전용 그라인더는 수동과 자동 그라인더가 있는데 장단점을 고려해 매장에 맞는 제품을 선택하면 된다.

(1) 수동 그라인더

그라인더의 동작 레버를 앞으로 당기면 분쇄된 커피가 아래로 떨어진다. 당기는 각도 범위에 따라 원두 양이 달라지므로 정확한 동작을 통해 일정한 양을 받을 수 있게 연습해야 한다. 원두 낭비가 많고 자동 그라인더에 비해 작업시간이 길다.

매일 추출을 통해 분쇄 입자를 조절하는 것은 바리스타가 해야 할 주요 업무로 바리스타는 그라인더 세팅 능력을 갖추어야 한다.

(2) 자동 그라인더

분쇄 시간과 양을 설정해 두면 버튼 하나로 비슷하게 분쇄할 수 있어 편리하다. 설정된 시간이나 양만큼 나오지만 중저가의 자동 그라인더는 제품에 따라 분쇄량이 유동적이고 호퍼의 원두량에 따라서도 오차가 생긴다. 손님이 많은 매장이나 아르바이트 직원이 있는 매장에서 사용하기 좋다.

원뿔형 코니컬 날과 평면형 플랫 날

구분	원뿔형(Conical)	평면형(Flat)
형태		
장단점	• 수평형보다 느린 회전 속도 • 사용 시간당 더 많은 커피 분쇄 가능 • 열 발생 적음 • 평판보다 소음 적음	• 빠른 회전속도 • 장시간 사용 시 발열 • 균일한 분쇄
사양	• 속도 : 400~600 rpm • 지름 : 49~120 mm • 분쇄량 : 20~75 g/h • 분쇄 총량 : 600~800 g	• 속도 : 900~1,400 rpm • 지름 : 64~75 mm • 분쇄량 : 9~20 kg/h • 분쇄 총량 : 300~400 kg
용도	드립용	에스프레소용

3) 그라인더 유지보수

(1) 그라인더 입자 조절

보통 왼쪽으로 돌리면 입자가 곱게Fine 설정되고, 오른쪽으로 돌리면 입자가 굵게Coarse 분쇄된다. 한 칸씩 돌려가며 원하는 입자에 맞춰 사용한다.

원두 상태나 종류에 따라 같은 설정에도 다르게 분쇄될 수 있으므로 반드시 매일 시험 추출하여 맞추도록 한다.

← FINE   COARSE →

Grind ← too coarse CORRECT too fine →

1 2 3 4 5 6 7 8 9 10 11 12 13 14

그라인더 입자 조절판

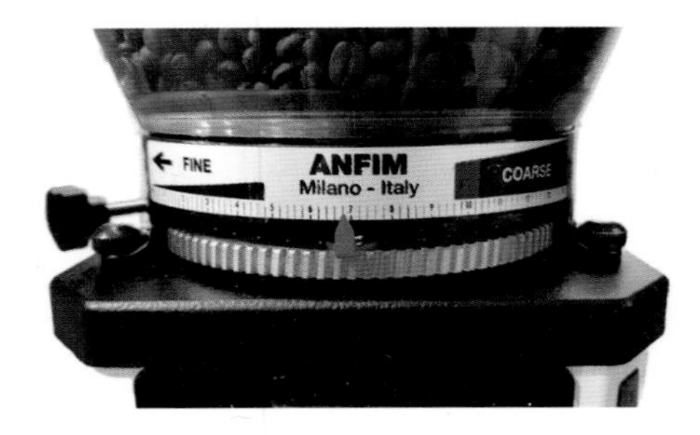

안핌(Anfim) 그라인더 입자 조절판

(2) 그라인더 청소

그라인더의 종류와 상관없이 모든 그라인더는 사용 후 관리가 매우 중요하다. 특히 날의 청소 관리가 제대로 이루어지지 않으면 날 사이에 끼어 있는 미분이 커피 맛에 악영향을 미치게 되고, 기계 고장의 원인이 되기도 하므로 주기적인 철저한 관리가 필요하다.

그라인더의 날을 분리하기 전에 분리 시작 굵기 조절 다이얼과 분리 직전 굵기 조절Mesh 다이얼을 기억하고 청소 후 조립할 때 그대로 맞춰야 한다.

(3) 그라인더 날 교체 시기

그라인더의 날은 평생 사용하는 것이 아니라 사용량에 따라 교체해야 한다. 평상시처럼 같은 원두로 분쇄했는데도 자주 조절해야 하거나 입자가 크거나 고운 가루 형태로 갈리는 경우 주의 깊게 살펴봐야 한다. 그 외에 소음이나 그라인딩 시간이 늘어날 때도 살펴봐야 한다.

3. 로스팅 머신

1) 로스팅 머신Roasting Machine 구조

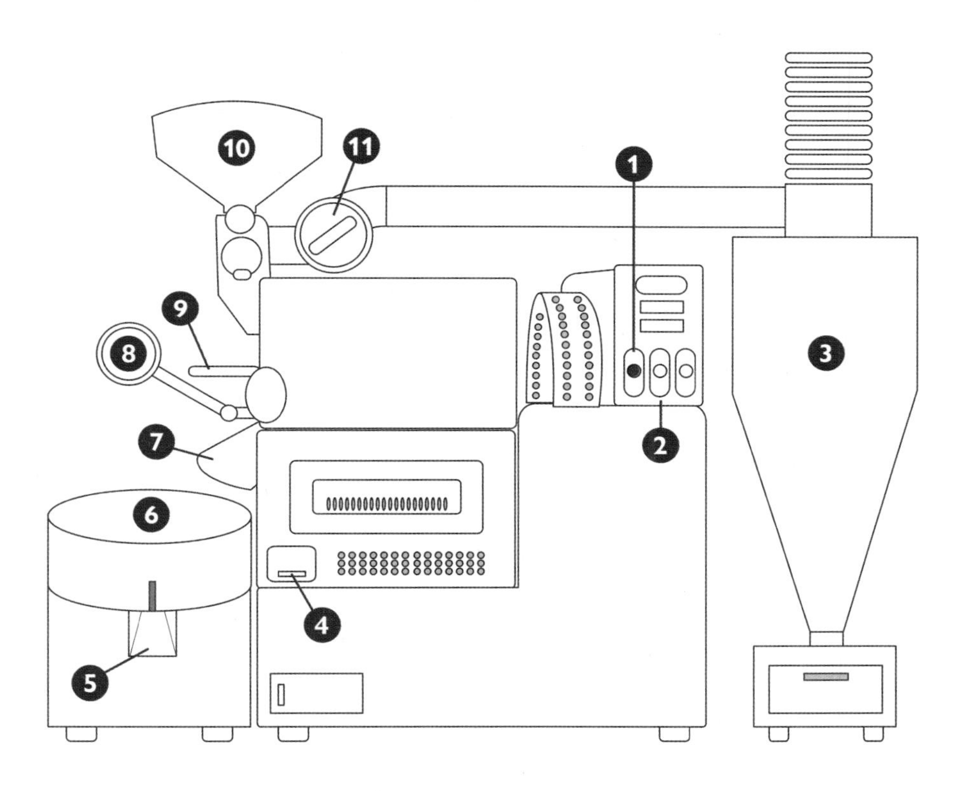

❶ 전원 스위치
❷ 가스 스위치
❸ 사이클론
❹ 체프 트레이
❺ 원두 토출구
❻ 쿨링 트레이
❼ 로스팅 원두 배출구
❽ 드럼 개폐 손잡이
❾ 샘플 봉
❿ 호퍼
⓫ 댐퍼

로스터의 구조는 열원, 열전달 방식에 따라 크기와 형태가 다양하고, 제조회사마다 구조나 모양이 다르므로 로스터가 사용할 머신을 잘 이해하고 있어야 한다.

2) 로스팅 머신 분류

(1) 로스팅 방식에 따른 분류

① 직화식直火式

원통형 드럼의 내부에 작은 구멍이 뚫려 있고 구멍을 통해 불이 생두 표면에 직접 전달되는 방식이다. 널리 사용되지만 균일한 로스팅이 어렵다는 단점이 있다.

② 반열풍식半熱風式

드럼 내부에 구멍이 없어 생두에는 불이 직접 닿지 않지만 팬처럼 드럼에는 직접 불이 닿고 후방으로 열이 빨려 들어가면서 로스팅되는 방식이다. 직화식에 비해 열효율이 높아 균일한 로스팅이 가능하다.

③ 열풍식熱風式

불이 드럼에 직접 닿지 않고 드럼 사이로 열이 순환하면서 로스팅하므로 로스팅 시간이 빠르고, 단시간에 균일하게 로스팅할 수 있다. 재현성이 좋아 인스턴트커피 제조에 많이 사용되나 개성 있는 커피 표현에는 한계가 있다.

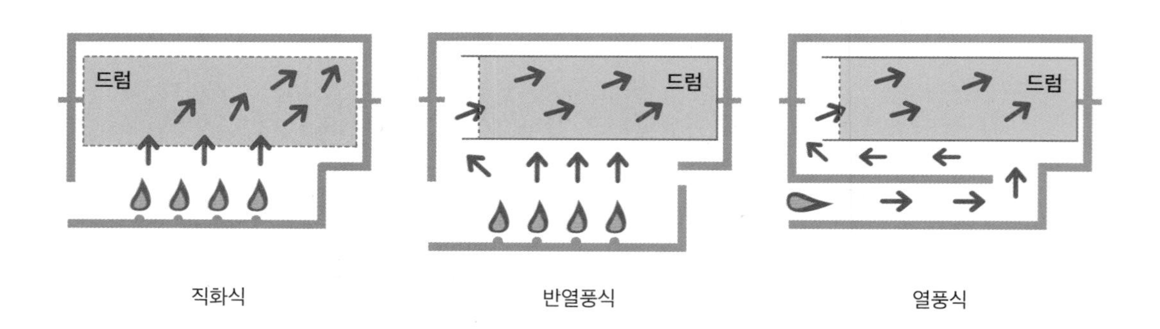

직화식 반열풍식 열풍식

(2) 열원에 따른 분류

- LPG 일반적으로 사용하는 열원으로 화력이 안정적이다.
- LNG 주변 가스 사용량 증가에 따라 가스 압력이 불안정하다.
- **전기** 장소 이동에 유리하다.

COMMENT

LPG와 LNG

① LPG(Liquefied Petroleum Gas, 액화석유가스)

기체 상태인 석유 가스를 취급이 쉽도록 액체화한 것이다.
LPG는 소형 압력용기에 충전해서 가정용 버너나 업무용 또는 공업용으로 사용할 수 있다. LNG가 들어오지 않는 곳이나 식당 등에서 많이 보이는 가스통이 LPG 통이다.

② LNG(Liquefied Natural Gas, 액화천연가스)

정제 과정을 통해 발생하는 메탄 성분의 가스로 수분이 없고, 무색·투명한 액체이다. 주성분이 메탄이라는 점에서 LPG와 구별된다. 천연가스를 액화한 것이 LNG이다.
LNG는 휘발성이 커 휴대용 캔이나 금속 통으로는 운반하기가 어려워 금속 배관을 매설해 직접 사용자에게 공급한다. 보통 가정에서 사용하는 도시가스의 주성분이다.

PART 05

커피 로스팅

PART

05

커피 로스팅

1. 커피 로스팅

1) 로스팅Roasting

생두가 지닌 특징적인 향미를 발현시키는 가공작업이다. 생두에 열을 가하면 세포 조직이 파괴되면서 그 안에 있던 당, 카페인, 지질, 유기산 등의 여러 가지 성분이 열화학 반응을 일으키면서 커피 본연의 향미가 나타나게 된다.

2) 로스팅 진행 단계Roasting Phase

로스팅의 과정은 크게 건조 단계, 로스팅 단계, 냉각 단계로 나눌 수 있다.

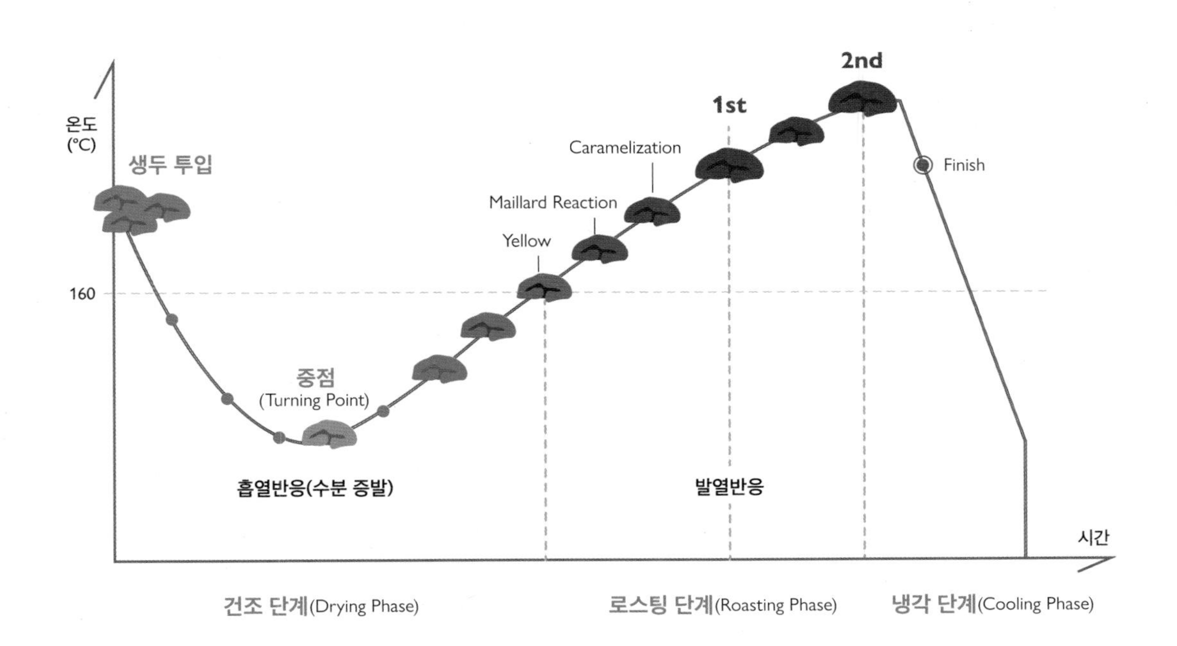

(1) 건조 단계Drying Phase

생두에 있는 수분이 열에 의해 증발하는 과정이다. 이때 수분과 함께 풀냄새나 풀 비린내가 날아간다. 건조 과정이 진행되면서 생두는 청록색에서 연노란색을 거쳐 점점 황색으로 변해간다. 향은 풋내에서 점차 빵 굽는 냄새로 변한다.

(2) 로스팅 단계Roasting Phase

생두의 색이 노랗게 변하는 시점이 지나면 본격적으로 로스팅 단계에 접어든다. 생두의 조직은 고무처럼 유리화되어 팽창할 수 있는 상태로 변하고, 생두는 열을 흡수하고 내뿜는 과정을 반복하면서 화학적 변화를 일으킨다. 이때 생두 내에 있던 수분은 증발하고 무게는 감소한다. 부피는 증가하여 부서지기 쉬운 다공질 상태가 된다. 일정 온도가 되면 열에 의한 캐러멜화Caramelization로 인해 연갈색에서 점점 진한 갈색으로 변하면서 커피 본연의 향미가 발현된다.

(3) 냉각 단계Cooling Phase

로스팅이 끝나면 커피콩 내부에 남아 있는 열로 인해 더 이상 로스팅이 진행되지 않도록 온도를 강제적으로 낮춰야 한다. 그렇지 않으면 원하는 로스팅 포인트보다 더 진행될 수 있다. 냉각 단계에서 온도를 빨리 낮추기 위해 선풍기나 에어컨을 이용하기도 한다.

생두 세포 내부의 수분에 열이 가해지면서 압력이 생기고, 그 압력이 세포벽을 깨뜨리면서 생두 밖으로 터지게 된다. 이때 마치 팝콘이 튀는 듯한 소리가 나는 것을 '팝핑'이라 하는데, 1차로 '탁탁' 소리를 내며 세차게 소리가 나다가 점점 줄어들기 시작하면서 다시 2차로 터지게 되고 이때는 '찌지직 찌지직' 하듯이 작은 소리가 낮게 난다. 이것을 2차 팝이라 부른다. 1차 팝은 수분이 터지면서 나타나고, 2차는 오일이 밖으로 나오면서 터진다. 이때를 지나면 원두 표면에 기름이 많이 나오게 된다.

3) 로스팅의 열전달 원리

(1) 대류Convection

대류란 액체나 기체처럼 유동성 있는 물질이 온도 차에 의해 생겨난 유체의 흐름에 의해 전달되는 것을 말한다. 열원 자체가 직접 전달되지 않고 액체나 공기를 통해 열이 전달되는 원리이다.

(2) 전도Conduction

전도란 열이 물질을 통해 전달되는 원리로 가까이 있는 분자를 통해 열이 전달되므로 반드시 매개체가 있어야 한다. 온도가 다른 물질들 사이에서는 열이 높은 것에서 낮은 것으로 이전된다. *로스터기의 드럼이 매질 역할

(3) 복사Radiation

복사란 열에 의해 물질을 구성하는 원자들이 전자기파를 방출하는 현상이다. 중간에 물질 없이 주위로 직접 열이 이동한다. 쉬운 예가 가스 불이 프라이팬에 직접 닿아 열을 전달하는 경우다.

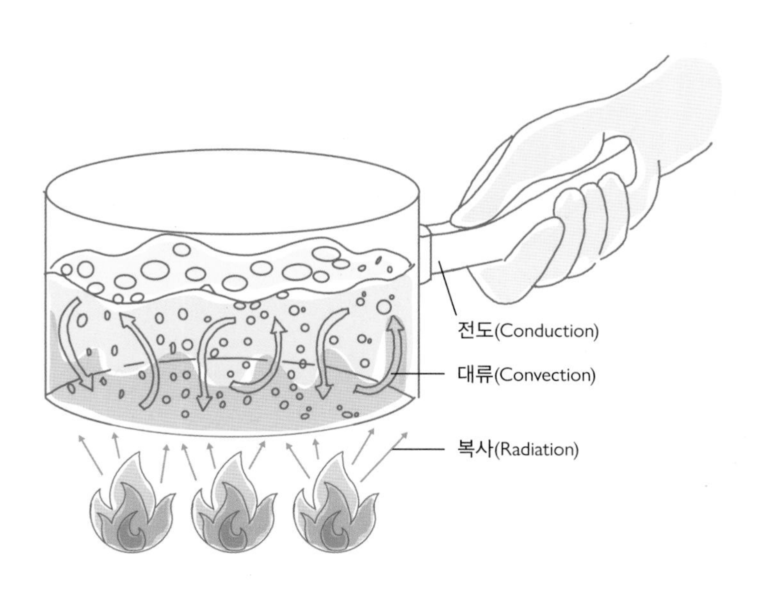

4) 수망 로스팅 실전

준비물 가스레인지, 수망, 저울, 생두, 스톱워치

STEP 1 불량 생두를 고른 후 계량하여 수망에 넣고 불에 올려놓는다. *수망의 크기에 따라 생두 용량은 조절한다.

STEP 2 **건조 단계** 가스 불꽃으로부터 약 20~25 cm 정도의 높이에서 수망을 골고루 흔들어준다.

STEP 3 **로스팅 단계** 생두가 노르스름해지면서 빵 냄새가 나면 로스팅 단계에 이른 것이다. 수망을 약 15~20 cm 정도로 내려서 골고루 흔들어준다. 이때 은피Siver Skin가 잘 벗겨지도록 힘차게 흔들어준다.

1

2

3

STEP 4 **1차 팝** '탁탁' 소리가 나기 시작하면 불을 중불로 바꿔주거나 수망을 더 높이 들어 열이 덜 가도록 한다.

STEP 5 **2차 팝** '찌직' 소리가 나면서 다시 팝이 오는데 생두에 따라 휴지기가 짧을 수 있으므로 수망을 열어 확인해 보면서 배출할 시점을 판단한다.

STEP 6 **냉각 단계** 불을 끈 다음 로스팅이 끝난 원두를 재빨리 식혀준다.

2. 로스팅에 의한 생두의 변화

1) 색상의 변화

로스팅이 진행되면서 생두의 색상은 점점 밝아지고 노르스름한 색으로 바뀌었다가 더 진한 갈색에서 흑갈색으로 변한다. 이러한 갈변은 생두 내에 있는 당 성분이 캐러멜화 반응, 단백질의 마이야르 반응으로 갈변되는 것이다.

(1) 갈변 반응 Sugar Browning

캐러멜화 반응은 당류 함량이 많은 식품에 열을 가하여 가공할 때 흔히 일어나는 현상이다. 로스팅 시 160℃ 이상 고온으로 인해 생두에 들어 있는 당류가 산화 및 분해되고, 이들 분해 산물이 서로 중합 및 축합하면서 흑갈색의 캐러멜색소를 형성한다.

(2) 마이야르 반응 Maillard Reaction

생두에 함유된 포도당, 과당, 맥아당 등 환원당과 단백질 같은 아미노기를 가진 질소 화합물이 상호 반응하여 갈색 물질인 멜라노이딘Melanoidin을 생성한다. 커피, 과자, 맥주, 간장, 된장 등 거의 모든 식품 가공 중에 자연 발생적으로 많이 일어나는 반응이다. 식품의 색이나 맛, 커피의 다양한 향을 발현시키지만 리신과 같은 필수 아미노산의 파괴를 가져온다.

2) 모양의 변화

로스팅이 진행됨에 따라 수분과 무게는 줄고, 부피는 생두에 비해 약 1.5배까지 증가하는데 밀도가 높고 수분이 많을수록 변화는 크게 나타난다.

로스팅 단계별 원두의 색과 부피의 변화

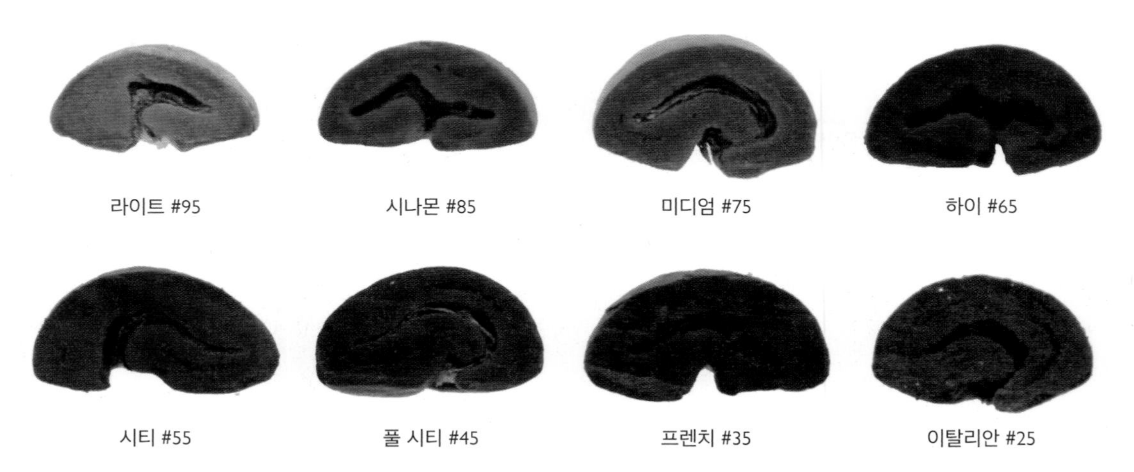

3) 밀도의 변화

생산지별로 생두의 밀도에 차이가 있다. 로스팅이 진행되면서 부피의 팽창으로 인해 밀도가 많이 감소한다.

4) 무게의 변화

로스팅 정도에 따라 무게가 조금씩 차이가 난다. 수분이 많을수록 더 많이 증발하기 때문에 무게는 더 줄어들게 되며, 가스 방출로 인해 더욱 감소한다.

5) 기타 성분 변화

카페인은 열에 안정적이어서 로스팅 후에도 큰 변화가 없으나, 트리고넬린Trigoneline 은 열에 불안정하여 로스팅 후 분해되면서 커피에 탄 냄새와 쓴맛을 일으킨다.

3. 로스팅 색상 단계

1) 로스팅 색도Roasting Degree

아그트론Agtron 수치가 높을수록 밝고, 낮을수록 어두운 로스팅 단계를 의미한다. 아그트론사의 수치 측정값으로 총 8단계로 분류한다. #95~#25까지 8단계로 구성된 'Color Roast Classification System'의 색상을 비교함으로써 로스팅 정도를 쉽게 판별할 수 있도록 하고 있다.

STANDARD
GRAYSCALE CARD

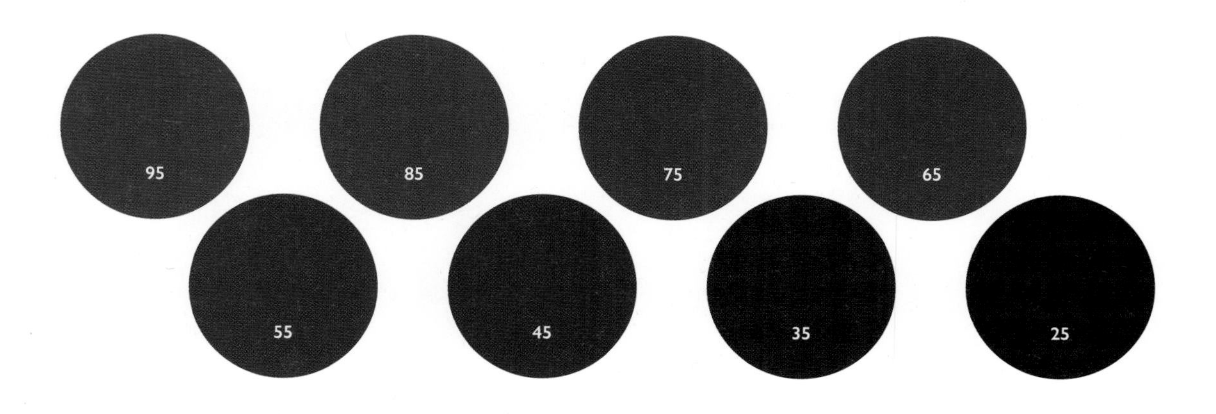

Coffee Roasting Degree

General	SCA	Agtron color	Roasting Color
Agtron #95 라이트(Light)	Very Light 약 볶음		
Agtron #85 시나몬(Cinnamon)	Light 약 볶음		
Agtron #75 미디엄(Medium)	Moderately Light 중 볶음		
Agtron #65 하이(High)	Light Medium 중 볶음		
Agtron #55 시티(City)	Medium 중 볶음		
Agtron #45 풀시티(Full City)	Moderately Dark 강 볶음		
Agtron #35 프렌치(French)	Dark 강 볶음	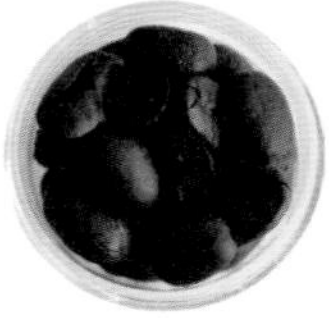	
Agtron #25 이탈리안(Italian)	Very Dark 강 볶음	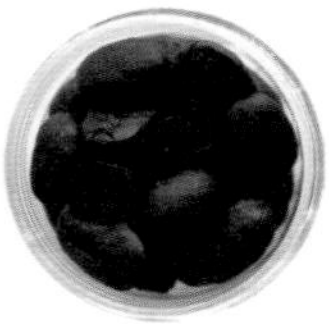	

2) 잘못된 로스팅으로 인한 콩의 형태

(1) 칩핑Chipping

생두 가공 시 제대로 건조되지 않거나 균질화되지 못해 로스팅 시 약한 부분으로 수분이 순간 반출되면서 동그란 딱지 모양으로 떨어져 나간 것 같은 모양이다.

(2) 스코칭Scorching

로스팅 시 열을 과하게 주어 겉이 타면서 얼룩덜룩한 모양을 보이는 것을 말한다.

(3) 티핑Tipping

열을 과하게 주어 생두의 배아 부분만 탄 상태이다.

칩핑　　　　스코칭　　　　티핑

COMMENT

퀘이커(Quaker)

나무에서 충분히 익지 않은 상태로 로스팅된 후에 다른 콩과 구별되는 색깔을 보이는 덜 익은 콩을 말한다. (제대로 성숙하지 않은 체리를 수확한 후 로스팅하면 색이 연할 뿐만 아니라 콩의 크기도 작다.)

4. 블렌딩

블렌딩Blending은 싱글 커피가 가진 좋은 특성은 살리고 단점은 보완하여 새로운 느낌의 커피를 만드는 작업이다. 둘 이상의 원두를 비율을 달리해 혼합하면서 원하는 느낌을 찾는 것이 좋다.

1) 블렌딩 방법

생두의 특성과 등급을 정하고 블렌딩 비율을 달리하며 조율해 간다. 한 가지 방향으로 너무 튀거나 배율을 1:1:1과 같은 비율로 너무 균일하게 섞으면 고유한 특성을 잃어버려 밋밋한 맛을 낼 수 있다. 블렌딩에 사용할 단종Single Origin 커피의 비율은 최소 15% 이상 사용해야 특징을 나타낼 수 있다. 이때 각각의 커피가 지닌 향미 특성을 상호 보완하도록 혼합한다.

블렌딩 방법은 단종별로 생두를 로스팅한 후 배합하는 후블렌딩 방법과 처음부터 비율대로 섞어 로스팅하는 선블렌딩 방법이 있다.

(1) 선블렌딩Blending Before Roasting

블렌딩 비율에 맞춰 섞은 후 한꺼번에 로스팅하는 혼합 로스팅 방법이다. 이 방법은 한 번만 로스팅하므로 편리하고 로스팅 색상 또한 어느 정도 균일하게 나올 수 있다. 그러나 생두 각각의 특성을 살리기 어려워 특색 있는 로스팅이 되기 어렵다.

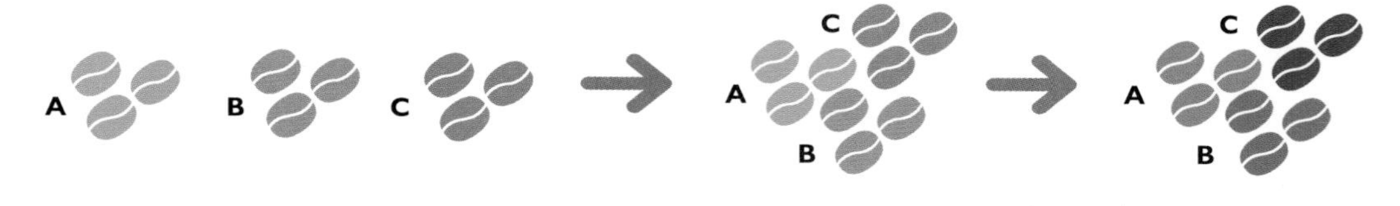

생두 생두 혼합 로스팅 원두

(2) 후블렌딩 Blending After Roasting

각각의 생두가 가진 특성을 살릴 수 있으나 로스팅 횟수가 많아지고 매번 균일한 맛을 내기 어렵다는 단점이 있다. 또한 개성에 맞춰 로스팅 단계를 달리하므로 서로 섞었을 때 균일한 색이 나오지 않아 얼룩덜룩할 수 있다.

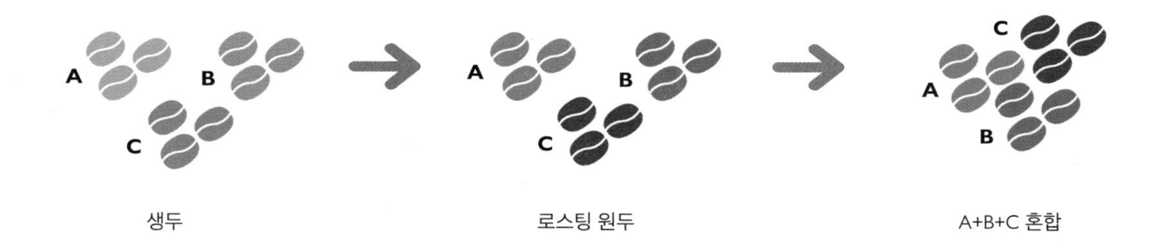

2) 효율적인 블렌딩 방법

먼저 원하는 커피 향미를 설정하고 그에 맞는 여러 가지 단종 커피를 선정한다. 단종 커피별로 향미 특성을 기록한다. 메인으로 가져갈 단종을 선택한 후 원하는 향미가 나올 때까지 비율을 달리하며 조금씩 섞어가며 향미 변화를 기록한다. 원하는 향미에 가까운 블렌딩이 나오면 테스트해 본다.

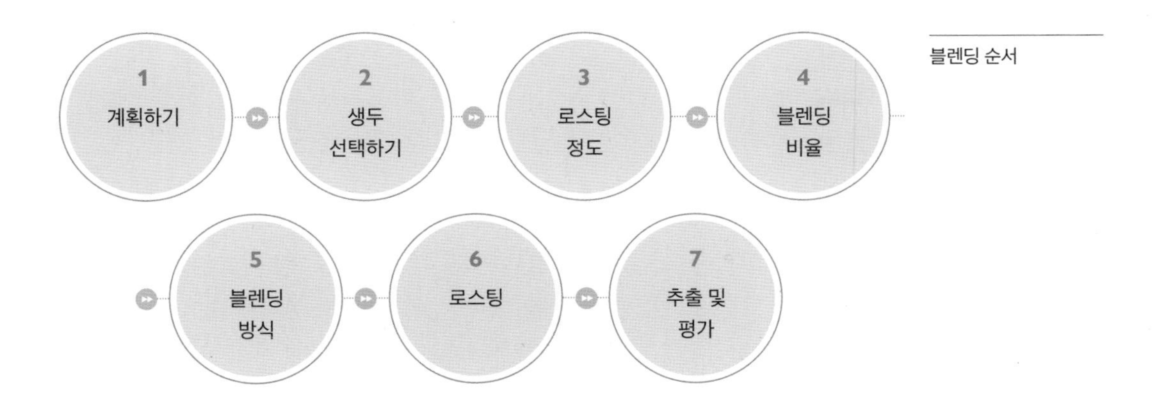

블렌딩 순서

STEP 1 계획하기 원하는 용도에 맞춰 블렌딩을 계획한다.

STEP 2 생두 선택하기 원하는 맛과 향을 고려하여 생두를 선택한다.

STEP 3 로스팅 정도 결정하기 생두의 특성에 맞춰 원하는 로스팅 단계를 정한다.

STEP 4 블렌딩 비율 결정하기 생두의 특성을 고려하여 원하는 맛에 가까운 비율을 결정한다.

STEP 5 블렌딩 방식 선택하기 생두의 특성과 작업 동선에 맞는 방식을 선택한다.

STEP 6 로스팅하기 로스팅 프로파일을 설정하고 로스팅한다.

STEP 7 추출 및 평가하기 커피 시음을 통해 맛을 평가하고 비율을 달리하며 수정해 간다.

PART 06

커피 향미와 평가

PART

06

커피 향미와 평가

1. 커피 향미

커피의 향미Coffee Flavor는 향Aroma과 맛Taste의 조합이다. 커피의 향미는 대부분 원재료인 생두에 내재해 있으며, 로스팅이라는 과정을 통해 발현된다. 커피는 사람이 느낄 수 있는 강한 향미부터 약한 향미까지 다양하게 지니고 있다. 이런 복합적인 향미가 균형 있게 추출되면 '좋다'는 느낌을 받는다.

1) 커피의 향과 맛을 느끼는 과정

후각과 미각의 조합으로 맛을 느낀다. 기본 맛으로는 단맛, 쓴맛, 신맛, 짠맛, 지방맛, 감칠맛(우마미)이 있다. 맛의 강도는 '쓴맛 → 짠맛 → 신맛' 순으로 가장 잘 느끼고, 단맛은 전체적으로 다른 맛과 함께 느껴진다. 짠맛은 다른 맛을 상승시키는 역할도 한다. 단맛에 짠맛이 섞이면 단맛이 한층 올라간다.

(1) 커피 향을 느끼는 과정

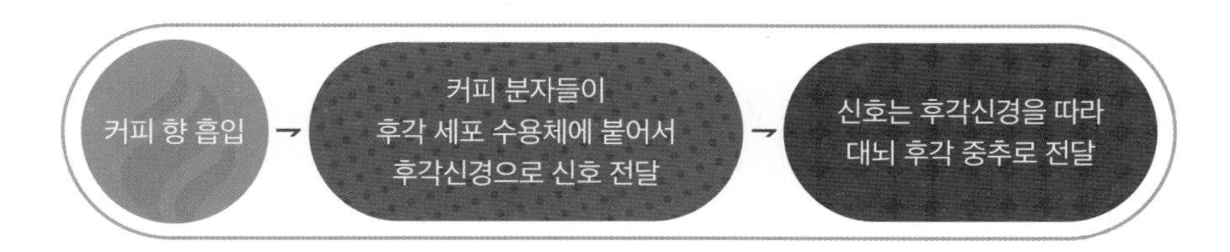

(2) 커피 맛을 느끼는 과정

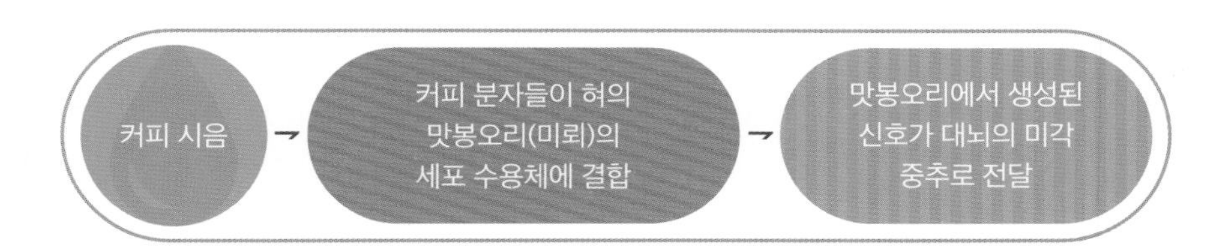

2) 결점두에 의한 향미 변화

(1) 수확과 건조 중 변화

커피체리의 수확과 건조 단계에서 발생하는 특성으로 좋지 않은 향미를 지닌다. 커피나무에 달린 채 건조된 열매를 수확하면 미생물과 효소에 의해 생기는데 주로 아라비카 브라질 생두에서 자주 발생한다.

- **리오이**Rioy 요오드 같은 약품 맛
- **얼씨**Earthy 흙에서 느껴지는 좋지 않은 느낌
- **러버리**Rubbery 탄 고무 냄새 같은 향
- **퍼먼티드**Fermented 발효된 듯한 불쾌한 시큼한 맛
- **머스티**Musty 곰팡이와 접촉하여 발생하는 향
- **하이디**Hidy 기름이나 지방, 가죽에서 나는 향

(2) 저장과 숙성 중 변화

생두의 보관 환경이나 보관 시간에 따라 생두 내의 효소나 산 등에 의해 발생하며 저장과 숙성 중 생두에 있는 유기화합물이 감소할 때 발생한다.

- **스트로이**Strawy 생두에서 나는 마른 짚과 건초 같은 맛을 내는 결점
- **그래시**Grassy 풀의 아린 생내
- **우디**Woody 나무 같은 맛

(3) 로스팅 과정 중 변화

생두에서 생기는 향미라기보다는 로스팅 시 온도나 시간에 따라 발생하는 좋지 않은 향미 특성이다.

- **그린**Green 낮은 열을 짧은 시간에 공급하여 생기는 풀내
- **베이크드**Baked 낮은 열로 너무 오래 로스팅하여 향미 성분이 거의 없는 상태
- **티프트**Tipped 로스팅 시 과한 열 공급으로 부분적으로 타면서 나는 약한 탄내
- **스코치드**Scorched 로스팅 시 과한 열 공급으로 표면이 그을려 나는 강한 탄내

(4) 로스팅 후 변화

로스팅 후 원두의 포장이나 저장 과정에서 발생하는 특성이다.

- **플랫**Flat 산패로 인한 향기 성분의 소멸
- **스테일**Stale 산소와 습기가 커피의 유기물질에 좋지 않은 영향을 주었거나 불포화 지방산이 산화되어 느껴지는 신선하지 않은 퀴퀴한 불쾌한 맛
- **랜시드**Rancid 산패되어 나는 변질된 심한 불쾌감을 주는 맛

(5) 추출 후 보관 중 변화

커피를 추출한 후 보관하는 과정에서 나타나는 특성이다.

- **플랫**Flat 커피 추출 후 보관 과정에서 향기 성분의 소멸로 느껴지는 밋밋함
- **배피드**Vapid 추출된 커피에서 향이 거의 소실된 밋밋한 느낌
- **인시피드**Insipid 추출한 커피에서 느껴지는 풍미가 없는 무미한 느낌
- **애서빅**Acerbic 추출 후 열에 지속적으로 노출될 때 나타나는 시큼한 맛
- **브라이니**Briny 물이 증발하고 무기질 성분이 농축되면서 나는 짠맛
- **태리**Tarry 커피 추출액의 단백질이 타서 생성된 불쾌한 탄 맛

2. 후각

1) 후각Olfaction의 기능

후각은 공기 중에 떠다니는 액체나 냄새 물질을 감지하여 냄새를 느끼는 감각이다. 인간의 냄새 수용기는 비강 안쪽 후각상피라는 점막에 자리한다. 냄새 물질의 분자가 비강 속 후세포에 들어가 후각신경을 통해 뇌로 전달되어 냄새를 느낀다.

후각은 자연 상태에서 생성된 향이나 로스팅 과정에서 만들어진 기체 상태의 휘발성 화학물질에 반응한다. 후각은 가장 예민한 감각기관으로 1만여 가지의 냄새를 구별하는 것으로 알려져 있으나, 일정한 냄새를 계속해서 맡으면 후각 감각이 둔해져 일시적으로 냄새를 못 느끼거나 아주 약하게 느낄 수 있다.

후각의 구조(재구성)

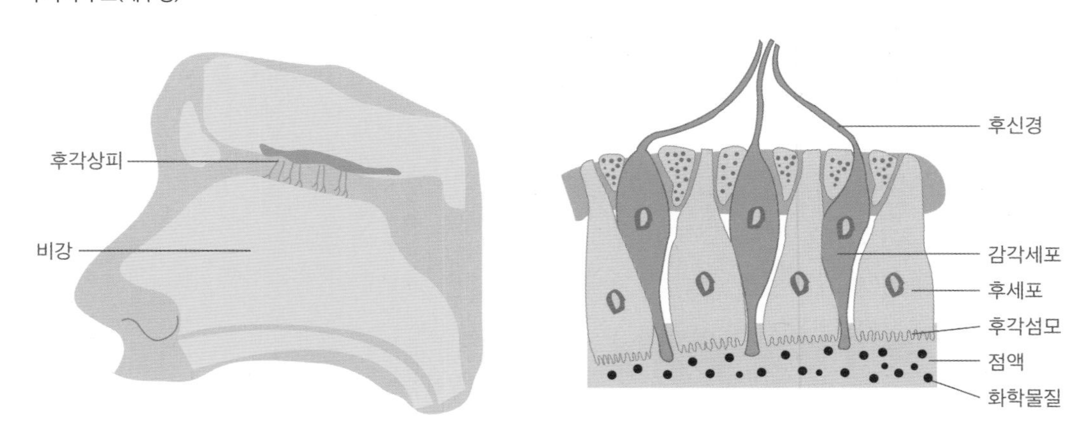

2) 후각 기능 저하에 영향을 주는 요소

후각은 코의 크기와 관계없이 후각 기관이 크면 냄새를 더 잘 맡을 수 있다. 후각은 미각과 같이 지속적인 외부 향 자극에 노출되어 일시적으로 기능이 저하되었을 때 쉽게 피로해지므로 민감도가 떨어진다. 유전적 요인으로 기능이 저하되거나 상실된 경우, 비염이나 축농증, 암, 코로나 같은 바이러스에 노출된 경우, 임신한 경우에도 단기 또는 장기적으로 냄새를 맡기가 어렵다.

사람의 후각을 동물과 비교해 보면 사람에 비해 쥐는 약 8~50배가량, 개는 약 300~10,000배 정도 발달해 있다. 여러 가지 원인에 의해 후각이 상실되는데 첫째로 심한 감기나 독감, 코 내부 조직의 염증을 일으키는 축농증, 감각신경세포 괴사 등의 병에 의해, 둘째로 두뇌 손상에 의한 후각신경 파열로 후각 기능을 잃을 수 있다.

3. 미각

1) 미각 Gustation의 기능

미각은 우리 인체의 여러 감각 중에 혀에 의해 맛을 느끼는 감각이다. 여러 형태의 성분이 침이라는 용매에 녹아 맛봉오리 수용체를 통해 맛을 느끼게 된다. 맛 수용세포는 매달 주기적으로 재생하는데 영양 상태나 건강 상태, 나이 등에 따라 그 수가 감소하여 맛을 잘 인지하지 못하기도 한다.

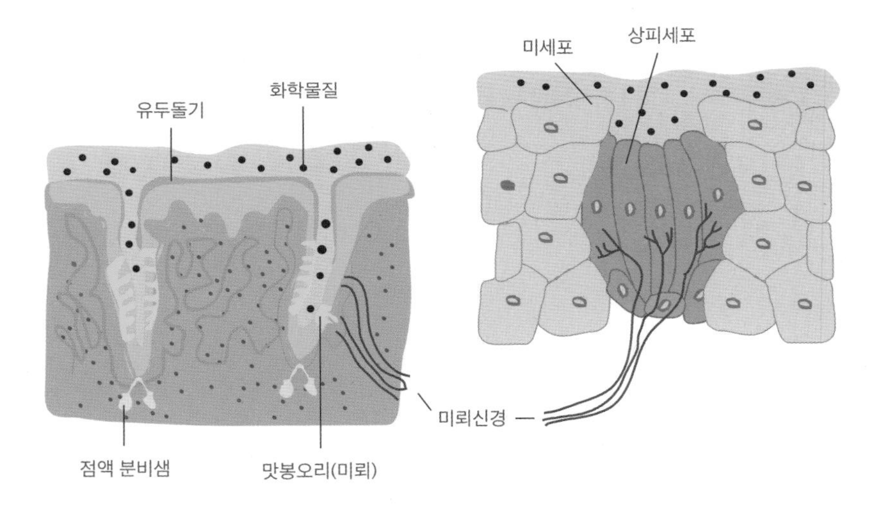

미각의 구조(재구성)

COMMENT

맛봉오리

미각을 담당하는 맛봉오리(미뢰)는 꽃봉오리 모양으로 혀 점막의 유두 속에 다수 존재한다. 맛봉오리에는 각각 20~30개 정도의 미세포가 있고, 미세포의 돌기는 미각을 자극하는 물질에 반응한다. 성인은 약 1만 개의 맛봉오리를 갖고 있다.

침은 맛을 느끼는 데 중요한 화학수용체로, 물질이 침에 녹으면서 맛을 느끼게 된다. 커피의 기본적인 맛은 단맛, 신맛, 짠맛, 쓴맛, 감칠맛의 다섯 가지이며, 쓴맛의 역할은 다른 세 가지 맛의 강도를 조절하는 역할만 한다. 예외적으로 질이 낮은 커피나 다크 로스트 커피에서 쓴맛을 많이 느낀다.

성인은 약 1만 개의 맛봉오리Taste Bud를 갖고 있다. 여성이 남성보다 맛봉오리의 수가 많아 맛에 예민한데 주로 쓴맛에 더 민감하며, 남성은 단맛에 민감하다고 한다. 그러나 맛을 느끼는 데 있어 개인 또는 민족마다 차이 폭이 크므로 정확히 일반화하기는 어렵다.

2) 맛의 원인 물질

6가지 맛

맛	수용체 결합 물질	기능
단맛(Sweet)	단당류를 포함한 환원당, 캐러멜 당, 단백질	탄수화물 감지
쓴맛(Bitter)	칼슘, 마그네슘, 카페인, 트리고넬린, 퀸산 등	독 감지
신맛(Sour)	클로로젠산, 사과산, 주석산, 구연산	산도(pH) 감지
짠맛(Salty)	산화칼륨, 소듐, 포타슘 등 지질	전해질 감지
지방맛(Fat)	지질	지방 감지
감칠맛(Umami)	L-아미노산(글루탐산, 아스파르트산, 이노신산 등)	단백질 감지

COMMENT

지방맛과 우마미

- 지방맛 : 치즈나 버터 등의 음식을 먹을 때 느껴지는 느끼한 맛을 말한다.
- 우마미(Umami) : 식욕을 자극하는 맛이며, 고기 맛이라고도 표현한다. 치즈나 간장 외에 여러 발효식품에서도 느낄 수 있고 곡물이나 토마토, 콩류에서도 느낄 수 있다. 염류에 의해 생기는 맛을 뜻하며 감칠맛이라고도 한다(예 : 다시마나 멸치, 가다랑어포 같은 종류).

3) 혀가 느끼는 맛

맛은 '쓴맛 → 짠맛 → 신맛' 순으로 가장 잘 느끼고, 커피에서 단맛은 전체적으로 다른 맛과 함께 느껴진다. 인간이 느끼는 기본 맛으로는 단맛, 쓴맛, 신맛, 짠맛, 감칠맛, 지방맛의 6가지가 있다.

단맛은 혀 앞쪽, 쓴맛은 혀 안쪽, 신맛은 혀 둘레, 짠맛은 혀 옆부분으로 혀 부위에 따라 맛에 대한 감수성이 다소 다르게 나타나지만, 맛은 혀의 특정 부위에서만이 아니라 혀 전체에서 느낀다. 우리가 맛이라고 알고 있는 매운맛이나 떫은 맛은 통증 신경이나 촉각 신경에 의한 작용으로 미각으로 분류하지 않고 각각 통각과 압각으로 촉각에 해당한다.

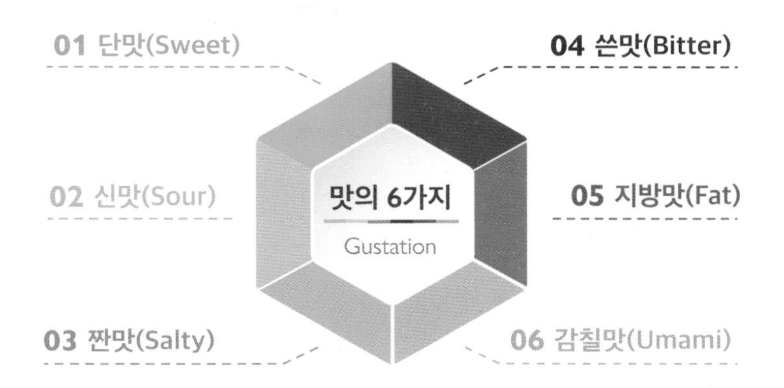

4) 온도에 따른 맛의 변화

맛은 온도에 따라 느껴지는 정도가 다르다. 미각은 10~40℃에서 가장 잘 느끼고, 특히 약 30℃에서 민감하게 반응하며 이 온도에서 멀어질수록 미각은 둔해진다. 온도가 증가할수록 단맛은 증가하고 짠맛과 쓴맛은 감소하는데 특히 쓴맛은 온도가 내려가면 더욱 쓰게 느껴진다. 신맛은 온도 변화에도 별 차이를 나타내지 않는다.

5) 마우스필(혀의 감촉) Mouthfeel

식음료를 섭취한 후 입안에서 느껴지는 촉감을 말한다. 입안에 있는 말초신경이 커피의 점도Viscosity와 미끈함Oilness을 감지하는데 이 두 가지를 집합적으로 바디Body라고 표현한다. 커피의 식이섬유가 바디감에 주요하게 작용한다.

COMMENT

혀의 감촉(Mouthfeel)

혀가 느끼는 묵직한 느낌을 '바디'로 표현한다. 예를 들어 물을 마셨을 때 혀에 남는 느낌이 없으면 '바디가 없다'라고 표현하고, 우유를 마셨을 때 남는 느낌은 '바디가 있다'라고 표현할 수 있다. 또 치즈를 먹었을 때는 '바디가 강하다'라고 할 수 있다. 이렇듯 혀에 남는 묵직한 느낌, 즉 점도와 미끈한 느낌을 동시에 바디라고 표현한다.

바디	진함 >>>>>>> 약함
지방함량에 따른 표현	Buttery > Creamy > Smooth > Watery
고형성분의 양에 따른 표현	Thick > Heavy > Light > Thin

4. 감각의 순응과 상실

1) 감각의 순응

후각과 미각은 다른 감각에 비해 쉽게 피로를 느껴 계속해서 같은 맛과 향의 자극을 받으면 감각이 둔화하는데 이를 '순응' 또는 '피로'라고 한다. 상대적으로 강한 맛을 내는 화학조미료나 자극이 강한 향미에 노출되면 감각이 둔해진다.

서로 다른 맛을 혼합하면 주된 맛이 감소하거나 약화한다. 좋은 예로, 커피에 설탕을 넣으면 커피의 쓴맛이 설탕의 단맛 때문에 억제되는 현상이 있다. 단팥죽에 소금을 조금 넣는 것과 같이 단맛에 소금과 같은 짠맛을 조금 넣게 되면 단맛이 증가하고, 소금물에 구연산 등 신맛이 가해지면 짠맛이 증가하기도 한다. 때에 따라서는 김치와 같은 짠맛과 신맛 또는 청량음료와 같이 단맛과 신맛이 서로의 맛을 상쇄하여 조화된 맛을 느끼게 하기도 한다.

2) 감각의 상실

(1) 후각의 상실

여러 가지 원인에 의해 후각이 상실되는데, 첫째는 심한 감기나 독감, 코 내부 조직의 염증을 일으키는 축농증, 감각신경세포 괴사 등 병에 의해, 둘째는 두뇌 손상에 의한 후각신경 파열로 후각 기능을 잃을 수 있다.

(2) 미각의 상실

맛은 후각과 미각의 감각 조합으로 느끼게 된다. 보통은 후각의 기능이 저하되면서 미각 상실과 함께 나타나는 경우가 많다. 일시적으로 코감기나 열감기, 비염, 축농증, 인후염 같은 바이러스성 질환을 앓고 나서 생기기도 한다. 단맛, 신맛, 짠맛, 쓴맛을 구분할 수 있는지 검사해 보는 것이 좋다. 미세하게나마 단맛, 신맛, 짠맛, 쓴맛을 구분할 수 있다면 미각보다 후각 쪽의 문제일 수 있다.

5. 평가

1) 커핑Cupping

동일 조건에서 로스팅된 원두를 사용하여 향과 맛의 특성을 체계적으로 평가하는 것을 커핑이라고 하며, 이러한 작업을 전문적으로 수행하는 사람을 커퍼Cupper라고 한다. 커핑의 목적은 커피의 품질을 정확하게 평가하는 것이다.

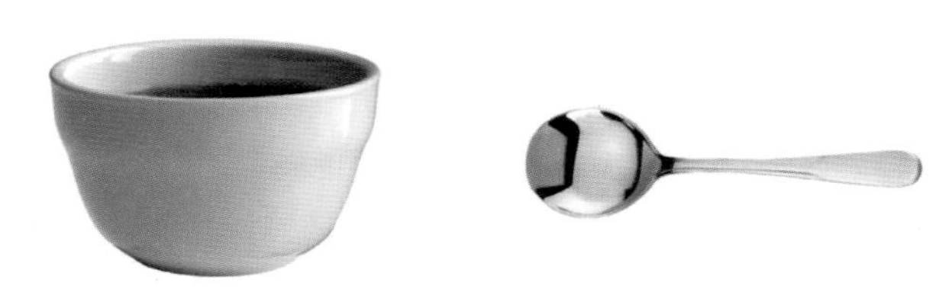

커핑 컵과 커핑 스푼

2) 관능 평가 Sensory Evaluation

커피 향에 대한 관능 평가는 후각, 미각, 촉각의 세 단계로 실시한다. 볶은 커피를 분쇄할 때 나오는 향을 ① 프레이그런스Fragrance라 하고, 분쇄한 커피에 물을 부었을 때 나오는 과일향, 허브향, 견과류 같은 향을 ② 아로마Aroma라 부른다. 커피를 마실 때 입안에서 느껴질 뿐만 아니라 코에서도 느낄 수 있는 사탕이나 시럽 같은 향을 ③ 노즈Nose, 그리고 커피를 마신 후 향신료에서 느껴지는 톡 쏘는 맛이나 송진, 수지 같은 후미를 ④ 애프터테이스트Aftertaste라고 한다.

향의 종류와 특성

향의 종류	특성	원인 물질	주로 느끼는 향기 계열
프레이그런스	향기 계열(원두를 분쇄하여 향 평가)	에스테르 화합물	Flower
아로마	분쇄된 커피에 물을 부었을 때 나는 향 평가	케톤이나 알데히드 계통의 휘발성 성분	Fruity, Herbal, Nut-like
노즈	마실 때 느껴지는 향기	비휘발성 액체 상태의 유기 성분	Candy, Syrup, Caramel
애프터테이스트	마신 후 느껴지는 향기	지질 같은 비용해성 액체와 수용성 고체 물질	Spicy, Turpeny

3) 향의 강도 평가Intensity

향은 강도에 따라 ① 리치Rich, ② 풀Full, ③ 라운디드Rounded, ④ 플랫Flat으로 각각의 강도를 표현한다. 리치는 향이 강하면서 풍부하게 날 때이고, 풀은 풍부하지만 향의 강도가 약할 때, 라운드는 강하지도 않고 풍부하지도 않을 때, 플랫은 향기가 없이 밋밋할 때를 표현한다.

향의 강도 평가

강도	내용	
Rich	풍부하면서도 강한 향	Full & Strong
Full	풍부하지만 강도가 약한 향	Full & Not Strong
Rounded	풍부하지도 않고 강하지도 않은 향	Not Full & Not Strong
Flat	향기가 없을 때	Absence of Any Bouquet

4) 커피 아로마 분류

커피 아로마는 크게 네 가지로 분류하는데 첫째, 흙이나 발효에 의한 결점 향인 아로마 테인츠Aromatic Taints, 둘째, 로스팅으로 인해 나타나는 캐러멜과 견과류, 초콜릿 등의 갈변에 의한 슈가 브라우닝Sugar Browning, 셋째, 효소작용에 의한 엔자이메틱Enzymatic, 넷째, 건류 반응에 의한 드라이 디스틸레이션Dry Distillation으로 나뉜다.

(1) Aromatic Taints	1, 5, 13, 20, 21, 31, 32, 35, 36	
흙냄새(Earthy)	• 흙(Earth)_#1 • 가죽(Leather)_#20	• 짚(Straw)_#5
발효향(Fermented)	• 커피 과육(Coffee Pulp)_#13 • 약물(Medicinal)_#35	• 바스마티 쌀(Basmati Rice)_#21
화합물 냄새(Phenolic)	• 요리된 육류(Cooked Beef)_#31 • 고무(Rubber)_#36	• 연기(Smoke)_#32
(2) Sugar Browning	**10, 18, 22, 25, 26, 27, 28, 29, 30**	
캐러멜향(Caramelly)	• 신선한 버터(Butter)_#18 • 볶은 땅콩(Roasted Peanuts)_#28	• 캐러멜(Caramel)_#25
견과향(Nutty)	• 볶은 아몬드(Roasted Almonds)_#27 • 호두(Walnuts)_#30	• 볶은 헤이즐넛(Roasted Hazelnuts)_#29
초콜릿향(Chocolaty)	• 바닐라(Vanilla)_#10 • 다크 초콜릿(Dark Chocolate)_#26	• 토스트(Toast)_#22
(3) Enzymatic	**2, 3, 4, 11, 12, 15, 16, 17, 19**	
꽃향(Flowery)	• 장미(Tea-roses)_#11 • 꿀(Honeyed)_#19	• 커피 꽃(Coffee Blossom)_#12
과일향(Fruity)	• 레몬(Lemon)_#15 • 사과(Apple)_#17	• 살구(Apricot)_#16
허브향(Herbal)	• 감자(Potato)_#2 • 오이(Cucumber)_#4	• 완두콩(Garden Peas)_#3

(계속)

(4) Dry Distillation	6, 7, 8, 9, 14, 23, 24, 33, 34	
향신료 냄새(Spicy)	• 정향(Clove-like)_#7 • 고수씨(Coriander Seeds)_#9	• 후추(Pepper)_#8
수지류 냄새(Resinous)	• 삼나무(Cedar)_#6 • 메이플 시럽(Maple Syrup)_#24	• 블랙커런트(Blackcurrant-like)_#14
열분해 유기화합물 냄새 (Pyrolytic)	• 맥아, 엿기름(Malt)_#23 • 로스티드 커피(Roasted Coffee) _#34	• 파이프 담배(Pipe Tobacco)_#33

5) 커핑 평가의 속성

(1) Fragrance and Aroma

① 프레이그런스 Fragrance - 젖지 않은 마른 커피 가루에서 나는 향

커피 샘플 원두를 분쇄하고 15분 이내에 마른 커피 가루 냄새를 맡고 평가한다.

② 아로마 Aroma - 커피가 젖었을 때 나는 향

커피에 물을 붓고 3분에서 최대 4분 정도 기다린다. 부풀어 오른 커피 표면을 숟가락으로 깨고 맡아지는 향을 평가한다.

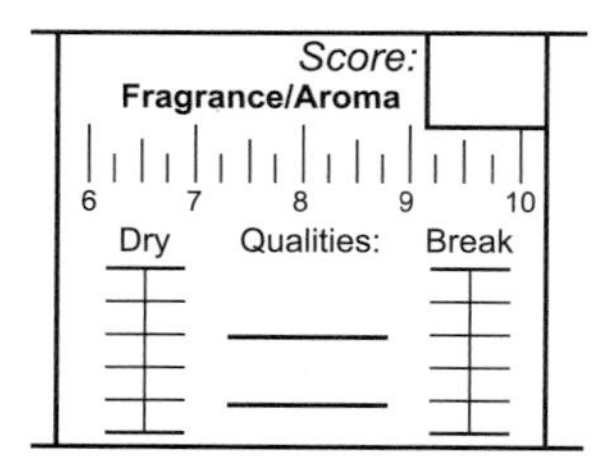

(2) Flavor, Aftertaste, Acidity, Body and Balance

물을 붓고 약 70℃가 지날 때쯤 향, 신맛의 정도, 바디, 밸런스, 후미 등을 평가한다.

① 플레이버 Flavor

입에서 코로 통하는 후각 점막 세포가 느끼는 향기에 대한 인상이다. 플레이버를

평가할 때는 입천장 전체에서 느낄 수 있도록 커피를 입안으로 힘차게 빨아들인다. 들어오는 맛과 아로마에서 느껴지는 강도와 품질, 향미의 복합성을 평가한다.

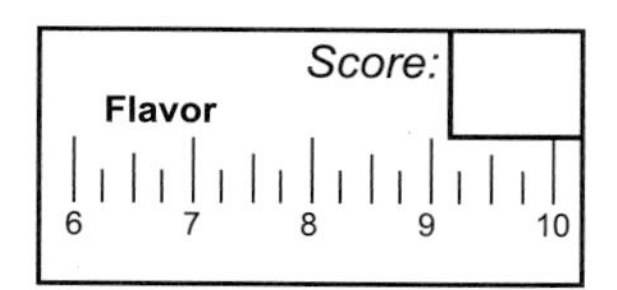

② 애프터테이스트Aftertaste

커피를 마신 후 평가하는 것으로 커피를 뱉어내거나 삼킨 후 남아 있는 긍정적 향미를 평가한다. 여운이 짧거나 불쾌한 느낌이 있다면 좋지 않은 평가를 줄 수 있다.

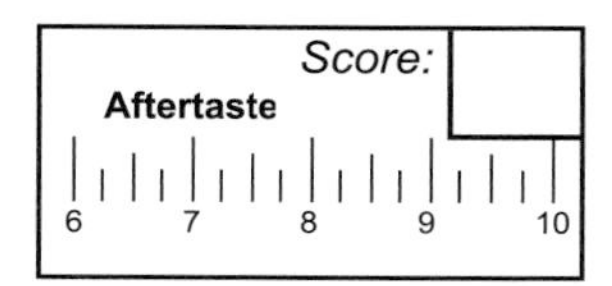

③ 액시디티Acidity

커피에서 느껴지는 신맛에 대한 느낌으로 강도와 특성을 평가한다. 상큼하고 좋은 느낌에는 높은 점수를, 시큼한 신맛Sour에는 낮은 점수를 준다. 좋은 신맛은 커피에 생기를 부여하여 단맛과 함께 신선한 과일의 특성을 느낄 수 있다. 커피를 들이켬과 거의 동시에 느끼고 평가한다.

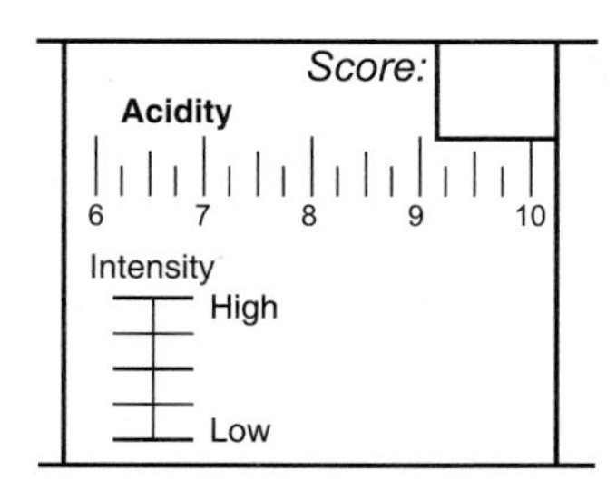

④ 바디Body

입에 물고 있을 때 혀와 입천장 사이에서 감지되는 촉감이다. 묵직한 바디를 지닌 샘플이 좋은 평가를 받는다.

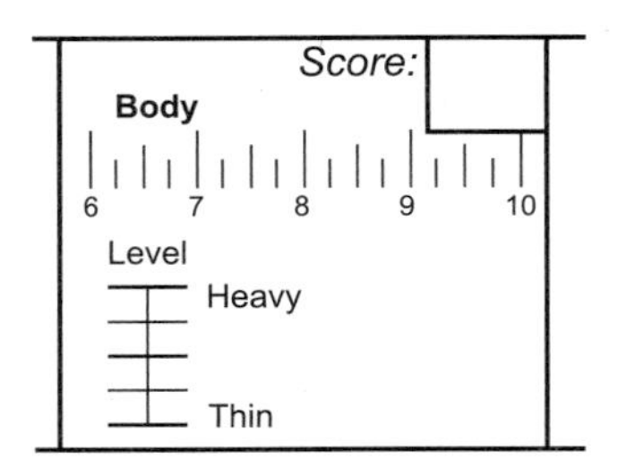

⑤ **밸런스**Balance

향, 신맛, 바디감, 여운 등의 모든 측면이 얼마나 보완 상승하는지에 따라 균형의 좋고 나쁨이 결정된다. 어떤 향과 맛 속성이 부족하거나 한 속성이 압도적으로 튄다면 좋은 밸런스라 볼 수 없다.

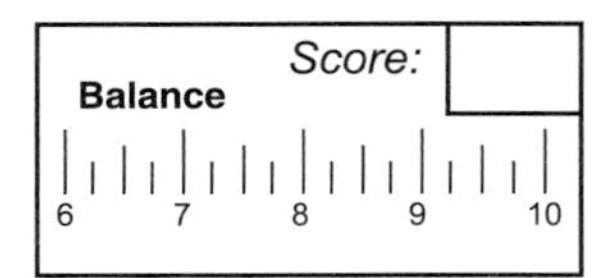

(3) Sweetness, Uniformity and Cleanliness

① **스위트니스**Sweetness

뚜렷하게 느껴지는 단맛과 충만한 향미에서 느끼는 기분 좋은 단맛이다.

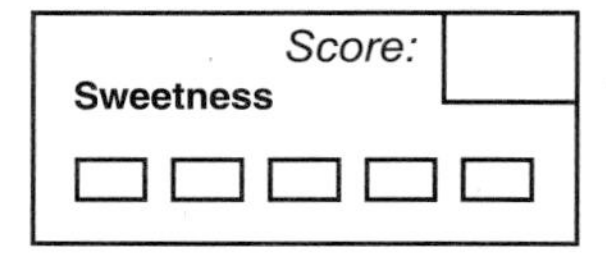

② **유니포미티**Uniformity

균일성은 샘플 간 향미의 지속성을 가리킨다. 어떤 컵에서 이상하거나 특별히 좋은 향미가 느껴지면 균일성이 깨졌다고 볼 수 있다.

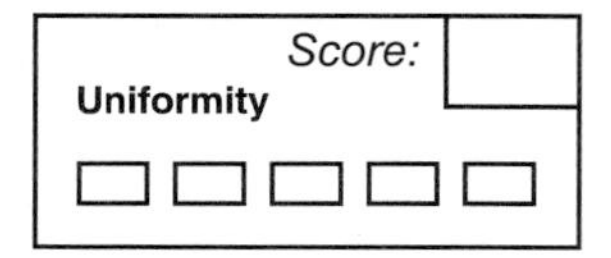

③ 클린 컵Clean Cup

커피를 처음 입에 댈 때부터 최종 여운에 이르기까지 부정적인 느낌이 없을 때를 말한다. 즉, 컵의 '투명성'을 의미한다.

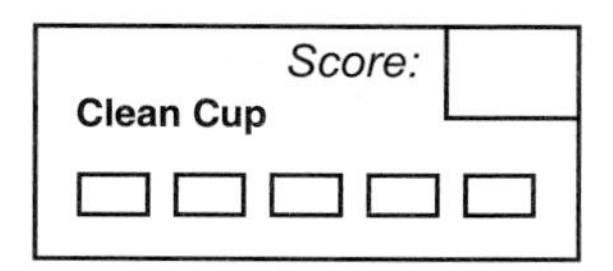

④ 오버롤Overall

샘플 커피에 대한 전반적인 인상에 대한 평가로 커핑이 끝나고 나서 평가한다.

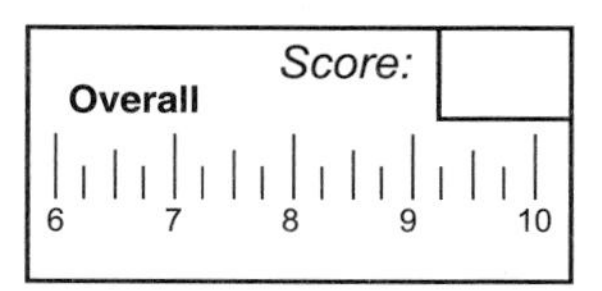

Specialty Coffee Association

Specialty Coffee Association
Arabica Cupping Form

Name: ______________________

Date: ______________________

Table no: ______________________

Quality Scale

6.00 - GOOD	7.00 - VERY GOOD	8.00 - EXCELLENT	9.00 - OUTSTANDING
6.25	7.25	8.25	9.25
6.50	7.50	8.50	9.50
6.75	7.75	8.75	9.75

Sample No.	Roast Level of Sample	Fragrance/Aroma (Score) 6 7 8 9 10	Flavor (Score) 6 7 8 9 10	Acidity (Score) 6 7 8 9 10	Body (Score) 6 7 8 9 10	Uniformity (Score)	Clean Cup (Score)	Overall (Score) 6 7 8 9 10	Total Score
		Dry / Qualities / Break	Aftertaste (Score) 6 7 8 9 10	Intensity: High / Low	Level: Heavy / Thin	Balance (Score) 6 7 8 9 10	Sweetness (Score)	Defects (subtract) Taint - 2 Fault - 4 # of cups × intensity =	
	Notes:							Final Score	

Sample No.	Roast Level of Sample	Fragrance/Aroma (Score) 6 7 8 9 10	Flavor (Score) 6 7 8 9 10	Acidity (Score) 6 7 8 9 10	Body (Score) 6 7 8 9 10	Uniformity (Score)	Clean Cup (Score)	Overall (Score) 6 7 8 9 10	Total Score
		Dry / Qualities / Break	Aftertaste (Score) 6 7 8 9 10	Intensity: High / Low	Level: Heavy / Thin	Balance (Score) 6 7 8 9 10	Sweetness (Score)	Defects (subtract) Taint - 2 Fault - 4 # of cups × intensity =	
	Notes:							Final Score	

Sample No.	Roast Level of Sample	Fragrance/Aroma (Score) 6 7 8 9 10	Flavor (Score) 6 7 8 9 10	Acidity (Score) 6 7 8 9 10	Body (Score) 6 7 8 9 10	Uniformity (Score)	Clean Cup (Score)	Overall (Score) 6 7 8 9 10	Total Score
		Dry / Qualities / Break	Aftertaste (Score) 6 7 8 9 10	Intensity: High / Low	Level: Heavy / Thin	Balance (Score) 6 7 8 9 10	Sweetness (Score)	Defects (subtract) Taint - 2 Fault - 4 # of cups × intensity =	
	Notes:							Final Score	

This form is designed and intended to be used in conjunction with the SCA Protocol for Cupping Specialty Coffee.

SCA 커피 테이스터를 위한 플레이버 휠

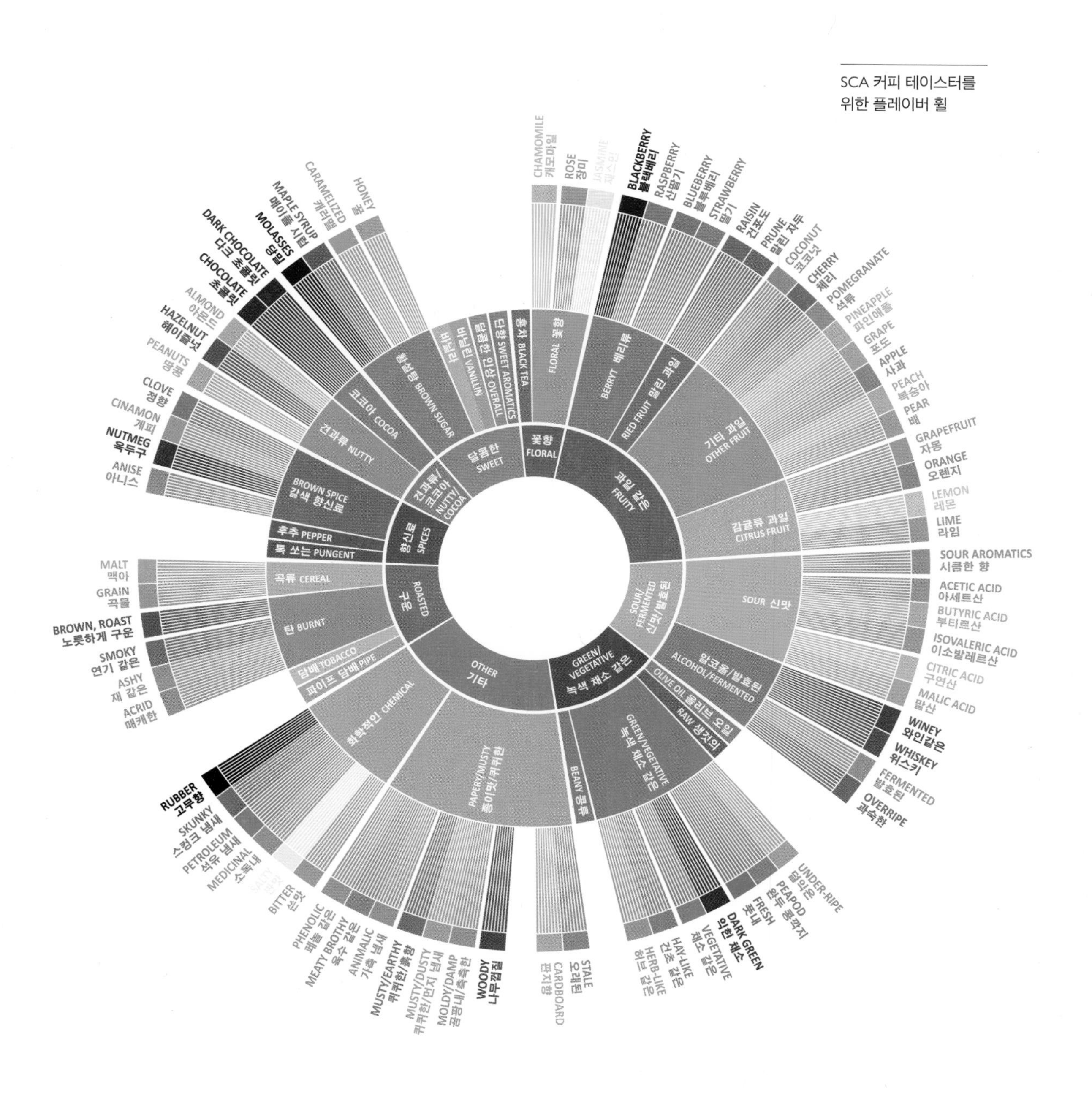

커피 테이스터를 위한 향미표는 월드 커피 연구소에서 개발한 감각 용어를 사용해 만들어졌습니다.
이 향미표에 대한 모든 권한은 SCAA(미국 스페셜티 커피 협회)와 WCR(월드 커피 연구소)에 있습니다.
경고: 이 향미표는 영어 원본을 번역한 것이며 원래의 기술어와 동등한 해당 지역의 언어를 감안하여 번역되었습니다. 기술어 원본에 대한 설명은 월드 커피 연구소에서 발행한 감각 용어 기술서 (WORLD COFFEE RESEARCH SENSORY LEXICON) 를 참고하시길 바랍니다.

V.1

PART 07

다양한 추출 기구와 방법

PART

07

다양한 추출 기구와 방법

1. 여러 가지 추출

추출 기구를 통해 사람의 손으로 추출하는 것을 의미한다. 같은 조건으로 추출하더라도 맛이 각기 달라지므로 기구별 특성과 추출 방법을 이해해야 한다.

커피는 추출 기구와 관계없이 추출 직전에 분쇄해서 사용해야 한다. 분쇄한 지 오래된 커피는 가스가 날아가면서 향도 날아가 밋밋한 커피가 될 수 있다.

1) 맛있는 기구 추출을 위한 조건

커피와 물이 접촉하는 시간에 따라 커피의 품질이 매우 달라진다. 추출 시간별로 커피 안의 화합물들이 물에 녹아 나오는 속도와 양은 매우 큰 차이가 있다.

또한 추출 시간은 커피의 농도와 향미의 균형에도 큰 변화를 가져온다. 시간이 너무 짧으면 농도가 옅고 향미가 약한 추출이 되고, 시간이 너무 길면 쓰고 떫은 맛이 나와 불쾌한 맛을 연출하게 된다.

- **신선한 원두** 반드시 신선한 커피를 사용한다.
- **기구에 맞는 적정한 분쇄** 기구와 용량에 맞는 적정한 메시Mesh로 분쇄한다.
- **좋은 물과 적정한 온도** 이상한 향과 맛이 없는 정수된 물과 적정 온도가 중요하다.
- **적정한 수율과 농도** 적정 수율과 농도에 맞춰 추출한다.
- **추출 시간과 추출량** 기구의 종류와 용량에 맞춰 시간을 들인다.

2) 기구 추출의 재현성

기구를 이용한 커피 추출의 경우 추출할 때마다 커피 상태가 다를 수밖에 없다.

매번 똑같이 추출할 수 없으므로 여러 번 반복하여 추출의 재현성을 높일 수밖에 없다. 특히 여과 추출은 추출 패턴에 따라 시간, 양, 추출 시점 등 많은 부분이 달라지므로 재현성이 더욱 요구된다. 추출의 편차를 줄이는 것 자체가 추출의 재현성을 높이는 길이다.

3) 기구에 따른 커피 분쇄

핸드드립이나 사이펀 같은 경우, 추출하려는 잔 수에 따라 굵기를 조절해야 맛의 편차를 줄일 수 있다.

기구별 분쇄도 차이

분쇄도(Mesh)	고운 굵기(Fine)	중간 고운 굵기(Medium Fine)	중간 굵기(Medium)	굵은 굵기(Coarse)
설탕 입자와의 비교	백설탕보다 곱게	백설탕과 과립형의 중간	과립형 설탕	굵은 설탕
페이퍼 드립 (Paper Drip)		💧	💧	💧
융 드립 (Frannel Drip)			💧	💧
사이펀 (Siphon)		💧	💧	💧
프렌치프레스 (French Press)			💧	💧
퍼콜레이터 (Percolator)				💧
더치커피, 콜드브루 (Dutch Coffee)		💧		
에스프레소 (Espresso)	💧			
이브릭 (Ibrik)	💧			

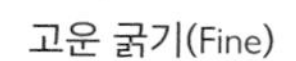

고운 굵기(Fine)

중간 고운 굵기(Medium Fine)

중간 굵기(Medium)

굵은 굵기(Coarse)

 **COMMENT**

미분

원두를 분쇄할 때 생기는 고운 가루 형태를 미분이라 한다. 미분은 그라인더의 상태나 품질에 의해 영향을 받는다. 미분 발생이 많으면 그만큼 과한 성분들이 나오게 된다. 따라서 미분 발생을 최대한 줄이는 방법을 택해 사용해야 한다.

2. 추출 방식별 기구와 추출법

추출 방법에는 여러 가지가 있지만 크게 ① 끓임법 또는 달임법, ② 진공여과법, ③ 우려내기법, ④ 가압 추출법, ⑤ 드립 여과 추출법 등이 있다. 추출 시간은 원두의 로스팅 정도, 분쇄 입자, 물의 온도 등에 따라 달라진다.

구분	해당 기구와 추출 방식
끓임법	**해당 기구 :** 이브릭 **추출 방식 :** 추출 기구 안에 뜨거운 물과 분쇄커피를 넣고 저은 후 가열하여 추출하는 방식
진공여과법	**해당 기구 :** 배큐엄 브루어 또는 사이펀 **추출 방식 :** 유리 플라스크 안의 물을 가열하여 발생하는 증기압으로 추출하는 방식

(계속)

구분	해당 기구와 추출 방식
우려내기법	**해당 기구 :** 프렌치프레스 **추출 방식 :** 추출 기구 안에 물과 분쇄커피를 넣고 일정 시간 기다린 후 마시는 방식
가압 추출법	**해당 기구 :** 모카포트 **추출 방식 :** 물을 가열하여 발생하는 압력에 의해 물이 올라가며 분쇄커피를 통과하면서 추출하는 방식
드립 여과 추출법	**해당 기구 :** 커피 메이커, 멜리타, 칼리타, 융, 고노, 하리오, 클레버, 케맥스 **추출 방식 :** 여과지에 분쇄커피를 넣고 위에서 뜨거운 물을 통과시켜 추출하는 방식
콜드브루 추출법	**해당 기구 :** 콜드브루 또는 더치커피 기구 **추출 방식 :** 상부에 있는 찬물이 중앙부의 분쇄커피를 한 방울씩 통과하며 추출되는 방식

1) 끓여서 우리는 법Boiling 또는 달임법Decoction

이브릭Ibrik 또는 체즈베Cezve라고 불리는 기구로 추출하며, 커피 추출에서 가장 오래된 방법이다. 물과 분쇄커피를 함께 끓여내는 방식으로 이물감을 느끼지 않도록 분쇄커피의 입자를 곱게 분쇄해 사용해야 한다.

준비물 이브릭, 가스레인지 또는 알코올램프, 계량스푼, 저울, 포트, 분쇄커피, 타이머, 대나무 스틱

이브릭 / 알코올램프 / 계량스푼 / 저울

포트 / 분쇄커피 / 타이머 / 대나무 스틱

• 추출해보기 •

STEP 1 곱게 분쇄한 커피 20 g 정도와 물 약 200 mL를 넣고 섞어준 후 불 위에 올려 끓인다.

STEP 2 중·약불에서 젓다가 끓기 직전에 불 위에서 내린다. 끓지 않도록 주의하면서 같은 과정을 두세 번 반복한다.

STEP 3 찌꺼기가 나오지 않도록 가라앉힌 후 컵에 따라 마신다.

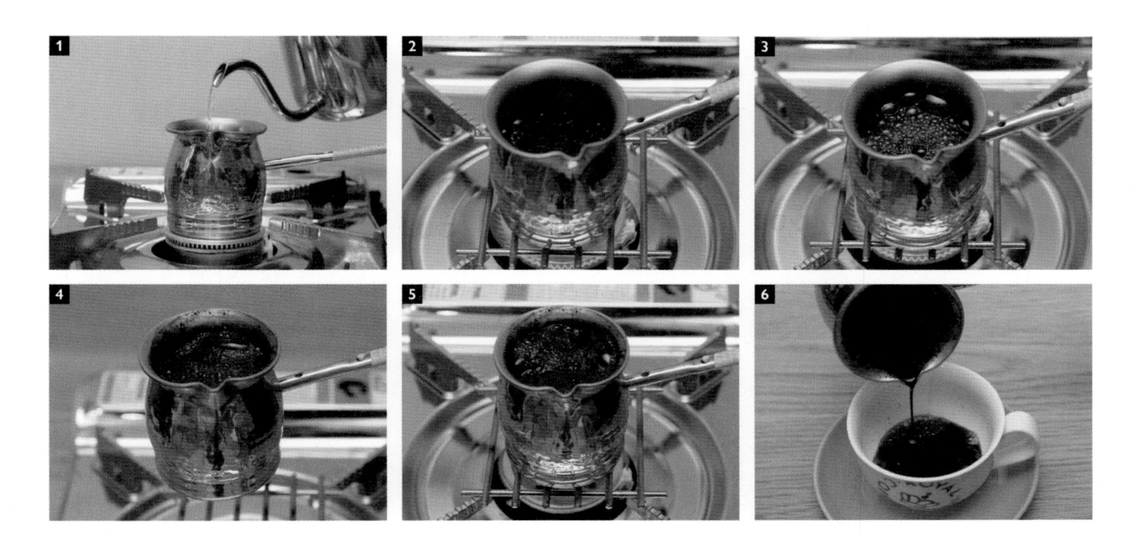

이브릭 추출 과정

2) 진공여과법 Vacuum Filtration

증기압과 진공 흡입 원리에 의해 역류하는 물에 커피를 담가 우려내는 방식이다. 추출 기구로는 배큐엄 브루어Vacuum Brewer 또는 사이펀Siphon이 있다.

하부 플라스크의 물을 끓여 생성된 증기압으로 인해 장착된 상부 로드로 물을 올려 분쇄커피에 침출시키고, 불을 끄면 투과가 되어 추출되는 방식으로 침출과 투과가 동시에 이루어진다.

기능뿐 아니라 시각적인 효과도 겸비하고 있어 고객 만족도 측면에서 긍정적으로 작용한다.

준비물 사이펀 3인용, 알코올램프 혹은 가스 충전식 버너, 융 필터, 계량스푼, 저울, 타이머, 포트, 분쇄커피, 대나무 스틱

· 추출해보기 ·

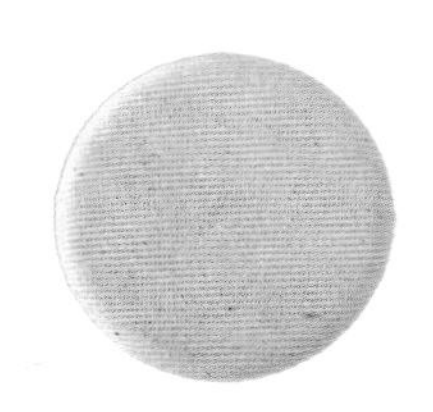

STEP 1 처음 사용하는 융 필터는 반드시 한 번 끓여서 필터에 붙어 있는 풀기를 제거한 후 사용한다. 필터는 찬물에 담가 차게 해두고, 수건이나 행주 등으로 물기를 가볍게 제거한 후 사용한다. 단, 일회용 종이 필터인 경우에는 사용 후 제거하여 버린다.

STEP 2 추출하려는 잔 수에 맞춰서 뜨거운 물을 하단 유리 볼에 붓는다. 이때 하단 유리 볼은 반드시 마른행주로 닦아 사용한다.

STEP 3 알코올램프의 심지 길이는 세라믹 링 끝단의 3 mm 정도로 하고 불꽃의 길이는 4 cm 이하로 하여 불꽃이 하단 로드의 바닥을 벗어나지 않도록 주의해서 불을 붙인다. 알코올램프가 하단 로드의 중심에 오도록 위에서 보면서 세팅한다.

STEP 4 융 필터를 상단 로드의 중심에 넣고 쇠사슬을 당겨 갈고리 모양의 훅을 상단 로드에 걸어 유리관 끝에 고정한 후, 뚜껑의 상단 볼 거치대에 꽂아 놓는다.

STEP 5 계량스푼을 이용하여 잔 수에 맞춰 분쇄커피를 상단 볼에 넣는다.

STEP 6 상단 로드를 하단 로드에 비스듬히 꽂고, 물이 끓기를 기다린다. 물이 끓어오르면 하단 로드에 상단부를 살짝 얹듯이 가볍게 꽂아 넣는다.

STEP 7 끓는 물이 위로 올라오면 전용 막대로 분쇄커피를 풀어주듯 저어준다. 그 상태로 1분 정도 계속 가열하며 기다린다.

STEP 8 사이펀을 알코올램프에서 천천히 분리한 후 알코올램프의 뚜껑을 닫아 불을 끈다. 상단 로드에서 커피가 자연스럽게 하단 로드로 내려갈 때를 기다리다가 내려오기 시작하면 다시 저어준다.

STEP 9 커피가 모두 내려오면 한 손으로는 스탠드가 움직이지 않게 잘 잡고 상단 로드를 앞뒤로 흔들듯이 움직이면서 뽑아 스탠드에 꽂아 정리한다.

STEP 10 커피를 예열한 잔에 따른다.

사이펀 추출 과정

3) 우려내기법Infusion

우려내기 추출 기구 중 비교적 간단히 사용할 수 있는 기구로 프렌치프레스French-Press가 있는데 이것은 티 메이커Tea-Maker, 플런저Plunger, 멜리오르Melior, 프레스 팟Press Pot이라고도 부른다. 홍차용 추출 기구로 알려져 있으나 본래 커피용으로 개발된 압축식 추출 기구이다.

준비물 프렌치프레스 1~2인용, 드립포트, 타이머, 계량스푼, 분쇄커피, 저울, 온도계, 대나무 스틱

프렌치프레스 드립포트 타이머 계량스푼

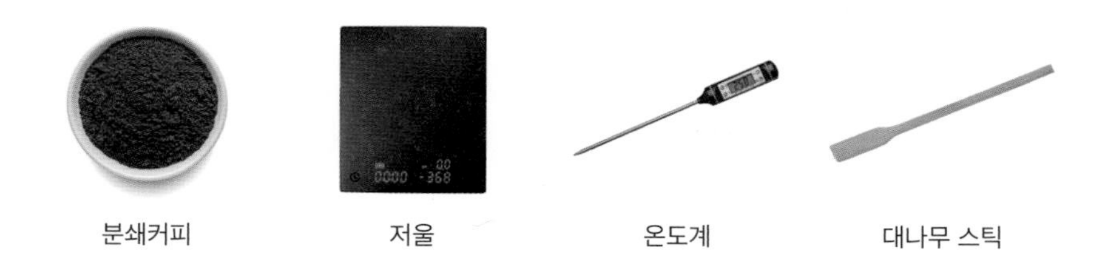

• 추출해보기 •

STEP 1 프렌치프레스 서버에 분쇄커피를 넣고 커피가 잠기도록 뜨거운 물을 붓는다.

STEP 2 나무 스틱이나 스푼으로 분쇄커피가 물과 잘 섞일 수 있도록 저어준 후 뚜껑을 덮는다.

STEP 3 약 4분이 지나면 상단 프레스 손잡이를 끝까지 눌러 찌꺼기를 분리한 후 가라앉으면 커피를 잔에 따른다.

프렌치프레스 추출 과정

4) 가압 추출법Pressure Extraction

가압 추출법에 이용되는 대표적인 기구로 스토브탑Stovetop이 있다. 1933년 알폰소 비알레티Alfonso Bialetti에 의해 탄생한 증기압을 이용한 가정용 에스프레소 추출기로 전기 장치나 큰 부피에 대한 부담감 없이 어디서나 즐길 수 있는 추출 기구이다.

약 2~3 bar의 수증기 압력으로 에스프레소가 추출된다. 이탈리아 가정에 가장 많이 보급된 추출 기구이며, 원본을 개발한 비알레띠사의 상품명이 모카포트Moca Pot여서 흔히 스토브탑 형태의 기구를 모카포트라고 부른다.

준비물 모카포트 2인용, 포트, 계량스푼, 분쇄커피(에스프레소용 고운 분쇄)

모카포트 포트 계량스푼 분쇄커피

• 추출해보기 •

STEP 1 하부 컨테이너 안전밸브까지 물을 넣는다. *하단 컨테이너에 찬물 대신 뜨거운 물을 넣으면 추출 시간을 단축할 수 있으나 알루미늄 하부가 너무 뜨거울 수 있으므로 이에 주의하면서 행주나 장갑으로 잡도록 한다.

STEP 2 상단 바스켓에 커피를 담은 후 평평해지도록 살짝 눌러준다. 하단 보일러에 바스켓을 장착하고 상부 컨테이너와 결합한다.

STEP 3 가스 불 세기를 중간 정도로 하고 불에 올린 후 상부 뚜껑을 열고 기다린다. 커피가 올라오기 시작하면 불을 조금 더 약하게 조절하여 너무 빠르게 추출되지 않도록 한다.

STEP 4 추출이 다 끝나면 불을 끄고 기호에 따라 설탕이나 우유를 넣어 마신다.

모카포트 추출 과정

5) 드립 여과 추출법Brewing

(1) 필요한 기본 도구

드립에 필요한 기본 도구로는 커피를 걸러주는 여과지, 여과지를 담는 드리퍼, 추출 커피를 받는 서버, 주전자가 있다. 그 외 계량스푼과 초시계, 온도계가 필요하다.

① 드리퍼Dripper

여과지를 올려놓고 분쇄커피를 담는 기구로 플라스틱, 도기, 동, 유리, 스테인리스 스틸 등의 재질로 만들어진다.

드리퍼 종류

COMMENT

드리퍼의 종류에 따른 형태

드리퍼 종류	모양	추출구 개수	추출구 형태
멜리타	역사다리꼴	한 개	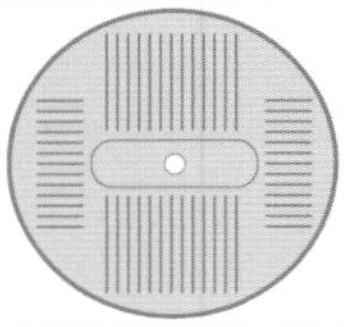
칼리타	역사다리꼴	세 개	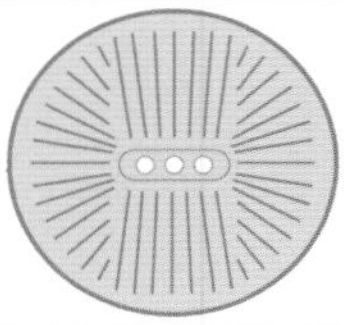
고노	원뿔	한 개	
하리오	원뿔	한 개	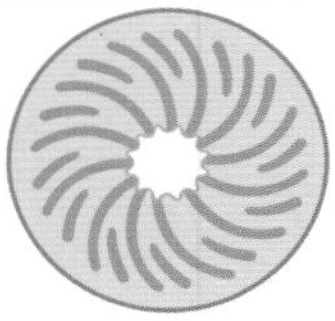
케맥스	원뿔	한 개	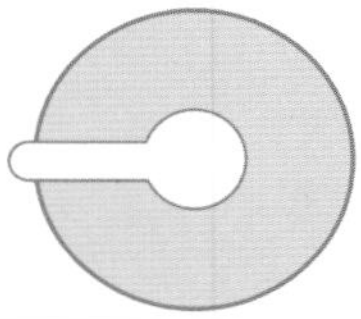
클레버	원뿔	한 개	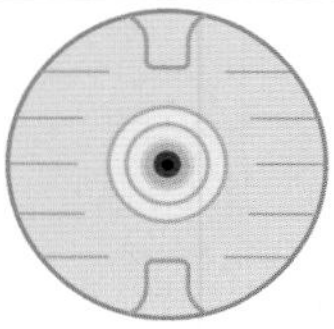

② 주전자Drip Pot

추출용 물을 붓는 도구로 스테인리스, 동, 법랑 등의 재질로 되어 있으나 직화가 되지 않으므로 불 위에 올려놓지 않도록 주의해야 한다. 주전자는 수구 모양에 따라 유속이 달라지므로 용량과 용도에 맞게 선택해서 사용하는 것이 바람직하다.

가늘고 짧은 형태

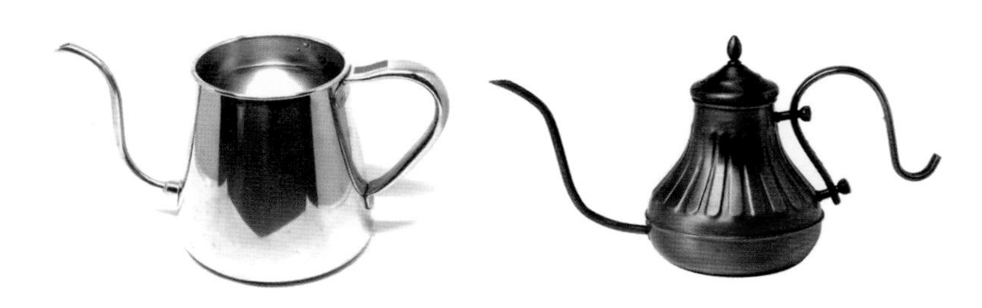

가늘고 긴 형태

굵고 짧은 형태

③ 서버 Server

상단 드리퍼를 통해 추출된 커피를 받는 도구로 보통 내열유리로 되어 있고, 용량과 제조사에 따라 크기와 모양이 다르다. 용량에 맞는 서버를 골라 사용하는 것이 좋으며, 서버가 없을 때는 투명 컵에 용량을 표기한 뒤 사용한다.

멜리타 서버

칼리타 서버

고노 서버

하리오 서버

④ 여과지 Drip Filter

여과지는 표백하지 않은 황지와 표백 과정을 거친 백지가 있는데 물로 표백하기 때문에 인체에 해가 없으므로 어떤 것을 사용해도 무방하다. 여과지는 드리퍼의 모양에 맞게 선택하여 여유 공간 없이 드리퍼와 여과지가 잘 붙도록 접어서 사용한다.

황색 펄프와 백색 펄프

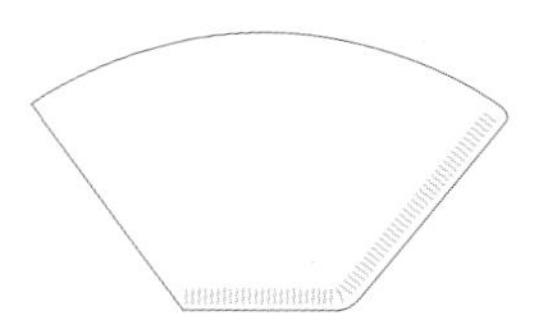

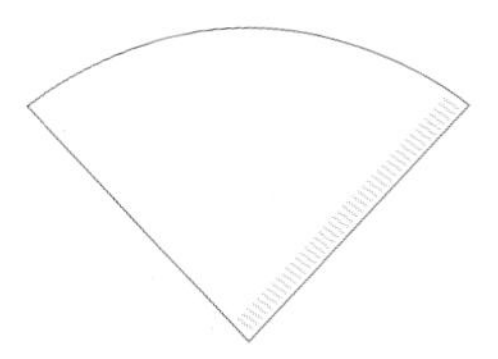

PLUS+ 더 알아보기

멜리타, 칼리타용 여과지 접는 법(사다리꼴 드리퍼용 여과지)

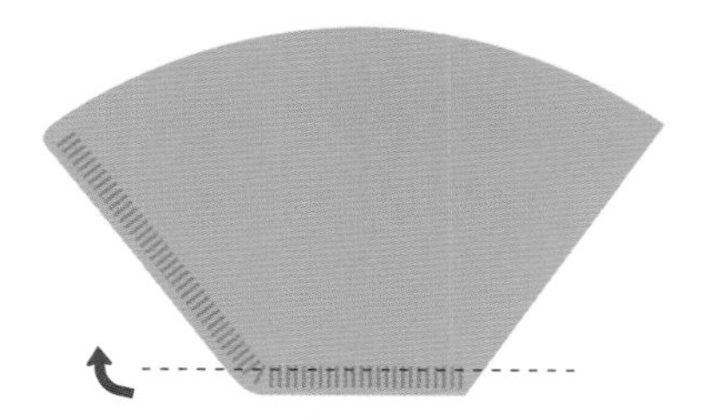
1 선에 맞춰 아래를 먼저 접는다.

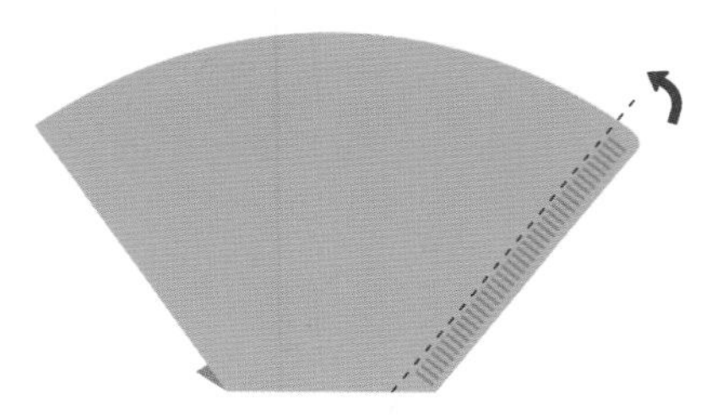
2 뒤로 돌려서 옆면을 접는다.

고노, 하리오용 여과지 접는 법(원뿔꼴 드리퍼용 여과지)

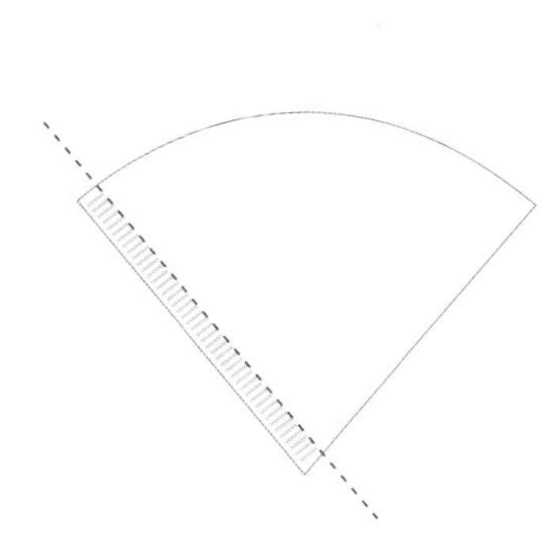

1 2인용 여과지는 선에 맞춰 접는다.

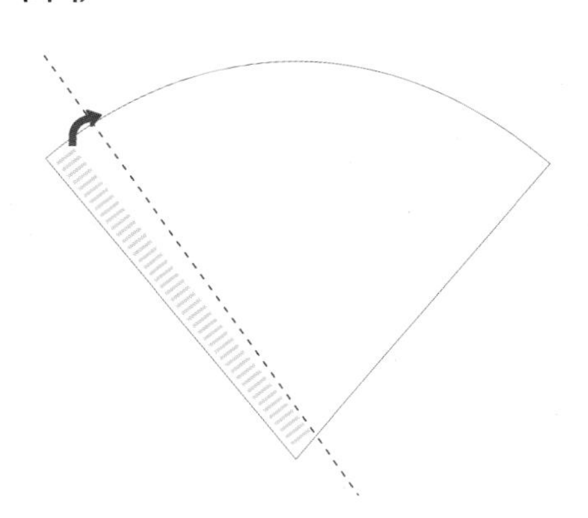

2 4인용 여과지는 약간 안쪽으로 접는다.

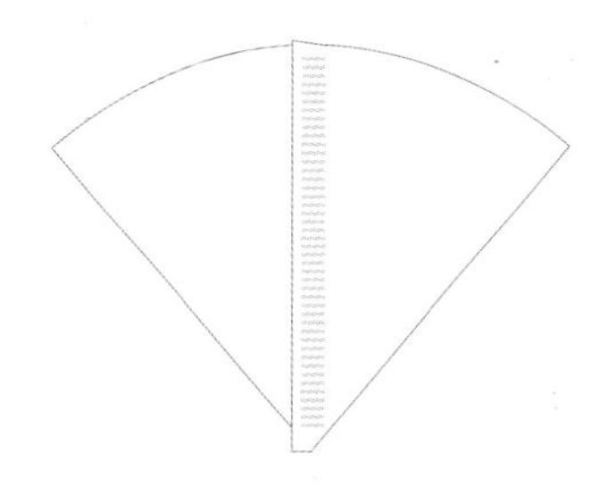

3 접선 면이 가운데로 오게 접는다.

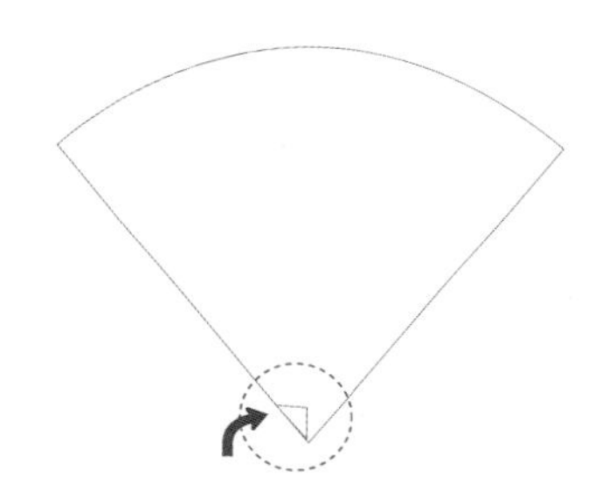

4 꼭지 부분은 접어 고깔 모양을 만든다.

케멕스용 여과지 접는 법(원형 여과지)

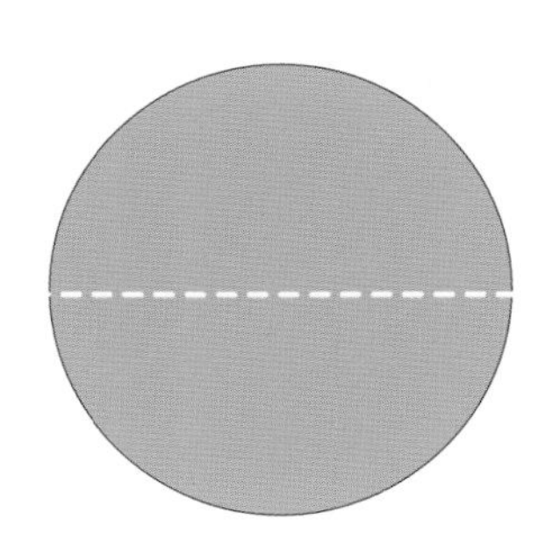

1 반으로 접는다.

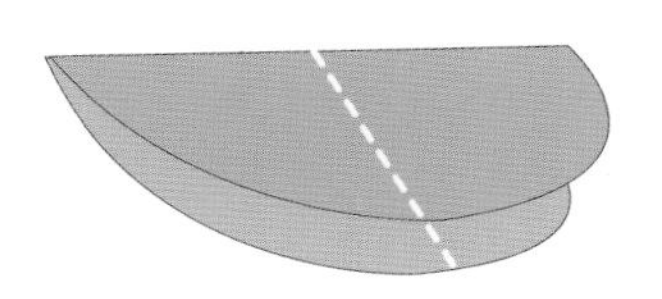

2 다시 반으로 접는다.

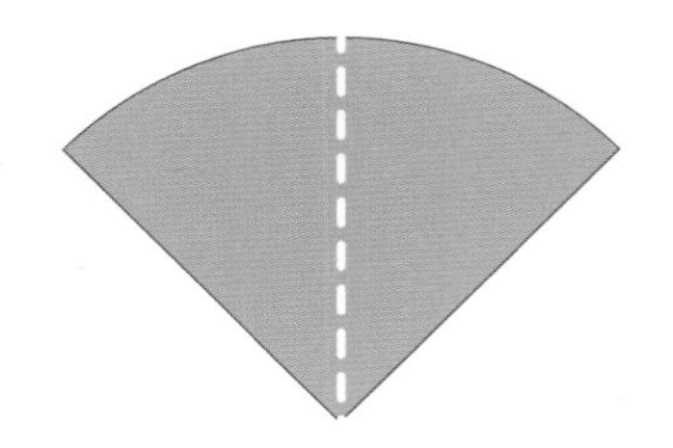

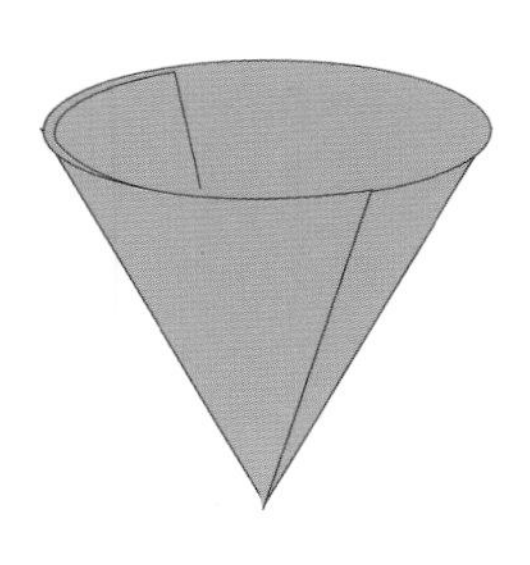

3 한 번 더 반으로 접는다.

4 접은 필터가 고깔 모양이 되도록 한 후, 세 겹으로 된 부분이 에어 채널 쪽으로 가도록 넣는다.

케멕스용 여과지 접는 법(반달형 여과지)

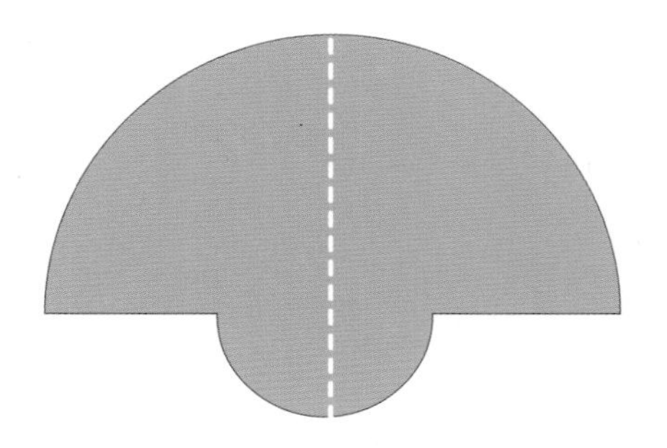

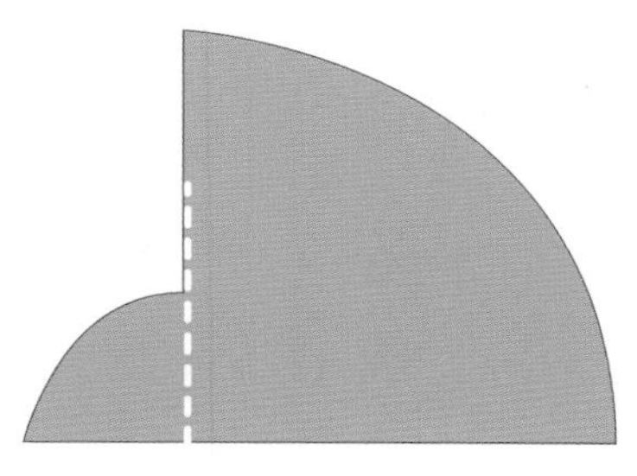

1 반으로 접는다.

2 작은 부채꼴 모양을 안쪽으로 접는다.

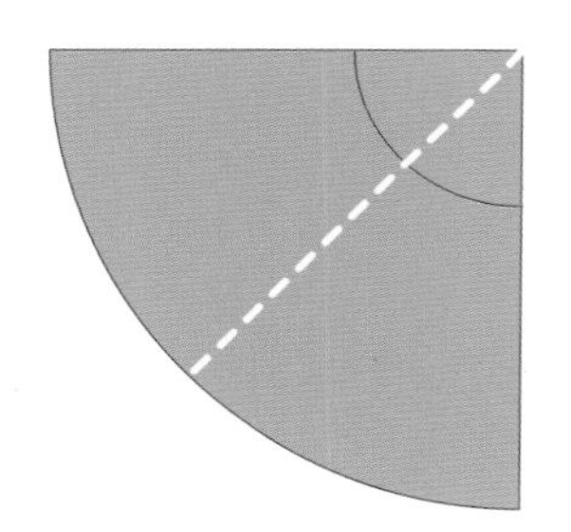

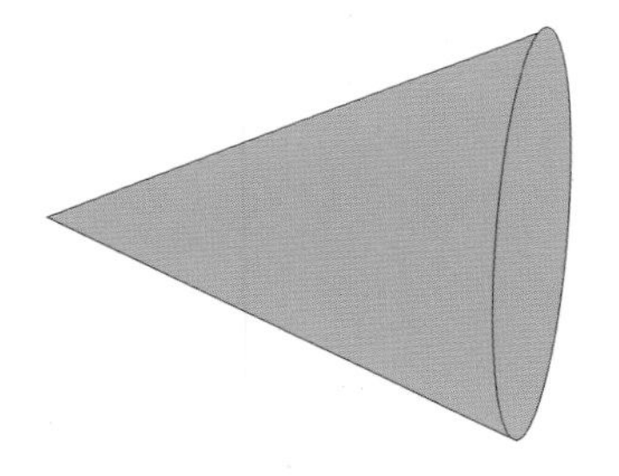

3 반을 접는다.

4 접은 필터가 고깔 모양이 되도록 한 후, 세 겹으로 된 부분이 에어 채널 쪽으로 가도록 넣는다.

⑤ 기타 준비 도구

준비물 드리퍼, 여과지, 서버, 드립포트, 계량스푼, 타이머, 저울, 분쇄커피, 온도계 등

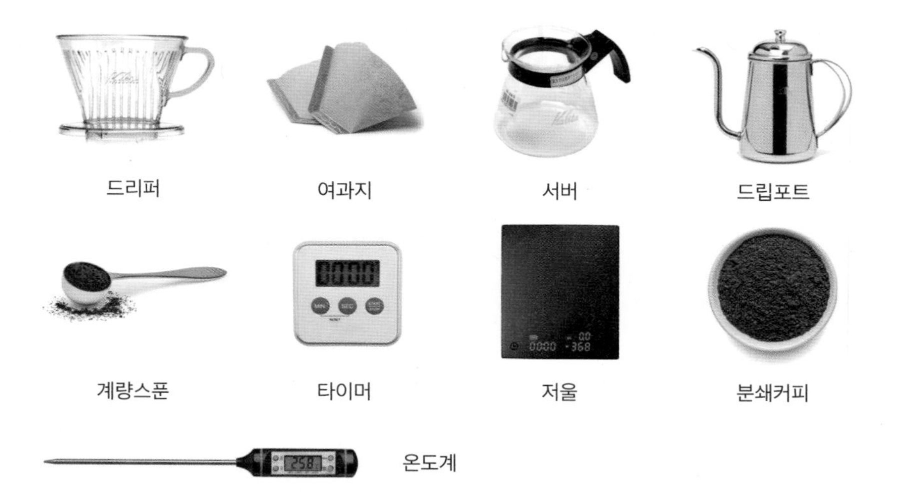

드리퍼 여과지 서버 드립포트

계량스푼 타이머 저울 분쇄커피

온도계

(2) 핸드 드립의 물 주입 방법

물 주입 방법은 많이 알려진 나선형 드립과 점 드립 방법 등이 있으나 각도나 높이가 정해져 있지는 않아 내리는 사람마다 다르다. 그러나 추출 드리퍼의 종류나 의도에 따라 과소 및 과다 추출이 되지 않도록 주의해야 한다.

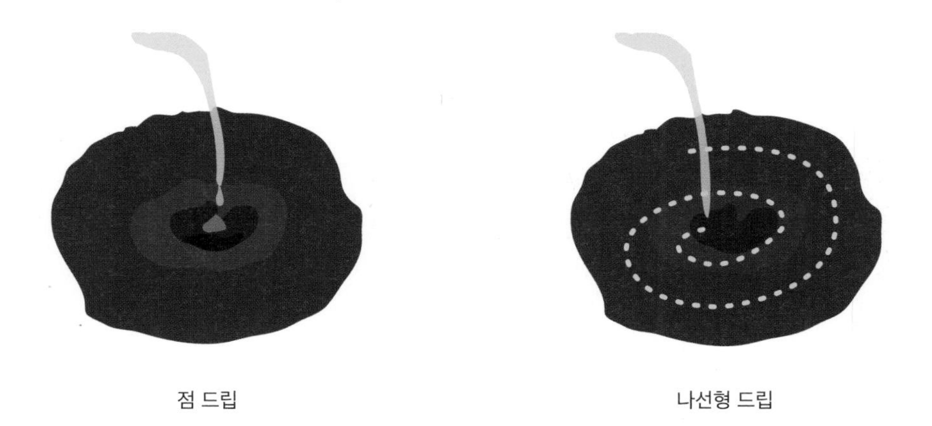

점 드립 나선형 드립

COMMENT

리브(Rib)의 역할

리브는 물을 주입할 때 드리퍼와 여과지 사이에 공기가 원활히 빠져나갈 수 있도록 도와주는 역할을 한다. 여과지에 물을 주입할 때 리브가 없다면 젖은 상태의 여과지가 드리퍼 면에 달라붙어 커피가 제대로 추출되어 나오기 어렵다.

리브로 인해 드리퍼와 여과지 사이에 공간이 생겨 저항이 작아져 물이 원활히 내려가고 또한 공간 사이로 커피에 있는 가스가 빠져나가게 된다. 추출 후에도 드리퍼와 젖은 여과지가 잘 떨어져 제거하기 쉽게 만들어준다.

① 멜리타 드립 Melitta Drip

1908년 독일의 멜리타 벤츠 Melitta Bentz 여사에 의해 고안된 멜리타는 모든 드리퍼의 시초라고 할 수 있다. 놋쇠 냄비 바닥에 구멍을 내어 얇은 종이를 올려놓고 커피 가루에 끓인 물을 천천히 부어 커피를 추출하는 기구를 발명했다. 최초로 종이 필터를 사용해 커피 찌꺼기를 걸러 편하게 사용할 수 있도록 고안된 기구이다. 1950년대 들면서 우리에게 익숙한 형태로 디자인되었다. 지금의 많은 멜리타 드리퍼는 플라스틱 재질로 추출구멍은 드리퍼 바닥 밑면 가운데 하나가 있다.

1×1 1×2 1×4

COMMENT

멜리타 물 용량

물은 한 번만 부어 1인분, 2인분, 4인분이 되도록 한다.

- 1인용 1X1 : 물을 붓는 횟수(1회) X 추출된 잔 수(1잔)
- 2인용 1X2 : 물을 붓는 횟수(1회) X 추출된 잔 수(2잔)
- 4인용 1X4 : 물을 붓는 횟수(1회) X 추출된 잔 수(4잔)

준비물 1인용 멜리타 드리퍼 1×1, 여과지, 서버, 분쇄커피 1인 8 g(약 120 mL 추출), 드립포트, 저울, 계량스푼, 타이머, 온도계

· 추출해보기 ·

STEP 1 드리퍼에 여과지를 접어 끼운 후 커피를 넣고 좌우로 가볍게 흔들어 평평하게 만든다.

STEP 2 물을 중앙에서부터 나선형으로 가늘고 촘촘하게 부은 후 뜸을 들인다(30±10초).

STEP 3 드리퍼의 빨간 선까지 한 번에 물을 부어 올린다. *1X1 : 한 번 물을 부어 1잔 추출(120 mL) / 1X2 : 한 번 물을 부어 2잔 추출(240 mL)

STEP 4 물줄기를 점점 굵고 빠르게 해서 부어준다. 원하는 용량이 추출되면 거품이 아래로 빨려 들어가지 않도록 드리퍼를 재빨리 옮긴다.

멜리타 추출 과정

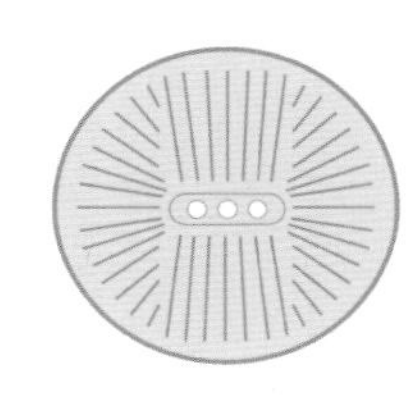

② 칼리타 드립Kalita Drip

칼리타식 드립은 다양한 강배전 커피를 취급하는 일본에서 약배전의 커피를 맛있게 추출하기 위해 고속 투과가 가능하도록 개량하여 만들었다. 1인 기준 커피 양은 10 g이지만 1인분을 추출할 때는 분쇄커피양을 15~16 g 정도로 하여 추출하는 것 좋다.

준비물 칼리타 1~2인용 드리퍼, 여과지, 서버, 분쇄커피(1~2인용 분량), 드립포트, 저울, 계량스푼, 타이머, 온도계

• 추출해보기 •

STEP 1 **여과지 접어 끼우기** 여과지는 먼저 아랫면을 접고 엇갈리도록 측면 부분을 접어 드리퍼에 끼워 넣고 준비한다.

STEP 2 **분쇄커피 넣고 균형 맞추기** 여과지에 커피를 담고 드리퍼를 가볍게 흔들어 평평하게 균형을 맞춘다. *1인분 추출 커피 120 mL의 표준 커피양은 약 10 g이나 기호에 따라 커피를 더 넣거나 적게 추출할 수도 있다. 만약 1인분이라면 커피를 약간 넉넉하게 넣고, 3인분이라면 약간 적게 넣는 것이 좋다.

STEP 3 **뜸들이기** 약 92℃로 맞춘 뜨거운 물을 분쇄커피 전체가 젖을 정도로 중심으로부터 작은 원을 그리듯 나선형 모양으로 천천히 돌려가며 붓고 20~30초 정도 뜸들이기를 한다. *이때 외벽에 바로 물을 부어 서버로 흘러 내려오게 되면 커피 표면의 쓴맛과 옅은 맛이 추출되므로 여과지에는 물이 직접적으로 닿지 않게 조심해서 붓는다. 커피 상부의 거품이 밑으로 꺼지기 시작할 시점에 다시 물을 붓는다.

STEP 4 **추출하기** 추출하려는 양이 많을 때는 물 온도가 유지되도록 중간에 뜨거운 물을 보충해 주는 것이 좋다. *추출량은 1인 120 mL씩 240 mL

STEP 5 **마무리하기** 추출의 80%가 끝나면 마무리로 거품을 끌어올리듯 전체에 돌려가면서 물을 붓고 원하는 양이 추출되었다면 드리퍼를 집어 빈 컵으로 빼놓는다. 적정 추출 시간은 약 3분 내외이다.

칼리타 추출 과정

(뒷장에 계속)

③ 플란넬 드립 Flannel Drip

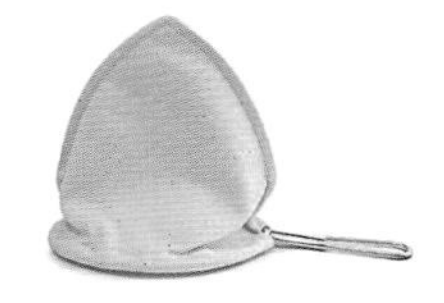

넬Nell은 직물의 한 종류로, 드립 방식의 하나로서 플란넬을 사용하기도 한다. 넬 드립의 커피 풍미를 100%로 본다면, 페이퍼 드립은 90% 정도로 한계가 있다는 점에서 커피 애호가들에게 인정받는 방식이다. 사용 후 보관 방법이 번거롭다는 단점은 있으나 그만큼 기대할 수 있는 도구이기도 하다.

새로 구매한 융은 반드시 끓는 물에 삶아서 사용하며 사용한 후에는 흐르는 물에 깨끗이 씻고 깨끗한 물에 담가 시원하고 그늘진 곳에 보관한다. 햇빛에 말리면 건조되는 동안 융에 남아 있던 커피 오일이 산화되어 다음 사용 시 커피 맛의 변질을 가져올 수 있으므로 젖은 상태로 보관하도록 한다. 자주 사용하면 직물이 끊어지거나 미세한 구멍이 넓어지므로 정기적으로 새것으로 교체해서 사용하도록 한다.

COMMENT

융의 이음매

넬은 꿰어진 모양에 따라 보통 2쪽에서 4쪽으로 이어 붙어 있다. 3쪽 이상으로 이어진 넬의 경우 원뿔꼴에 가까우므로 다른 형태에 비해 추출이 유리하다. 제조사에 따라서 이음매 부분이 안쪽으로 오거나 바깥쪽으로 올 수 있다.

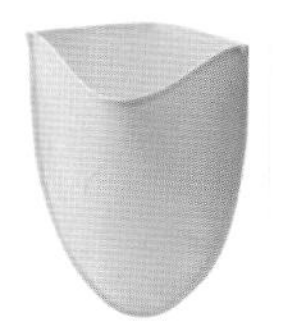
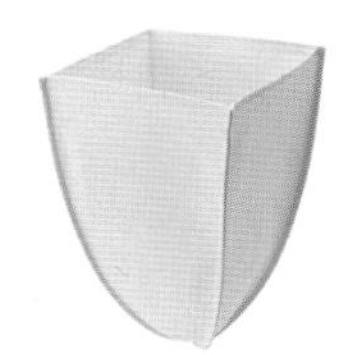

넬 보관 방법

- 흐르는 물에 씻어 가볍게 짠 후 지퍼백이나 용기에 넣어 냉장고에 보관한다. 씻은 후 그대로 방치하거나 햇볕에 말리면 모양이 틀어지고 커피의 지방으로 인해 불쾌한 냄새가 나서 재사용이 어려울 수도 있으니 주의해야 한다.
- 새로 구매한 넬은 반드시 끓는 물에 삶은 뒤 찬물에 씻어 풀기를 제거하고 추출해야 한다.

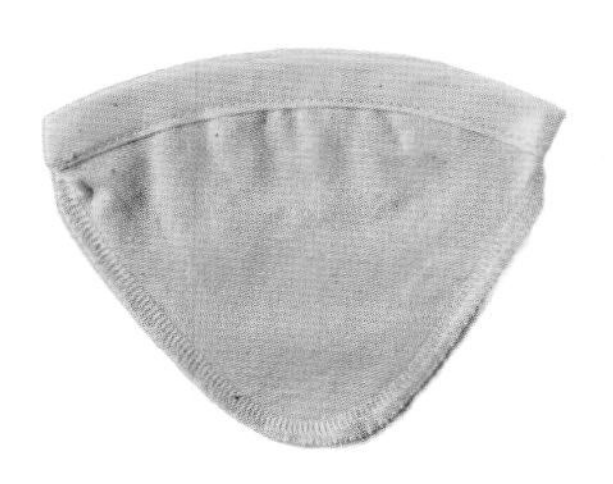

준비물 융 드리퍼 1~2인용, 서버, 분쇄커피, 드립포트, 저울, 계량스푼, 타이머, 온도계

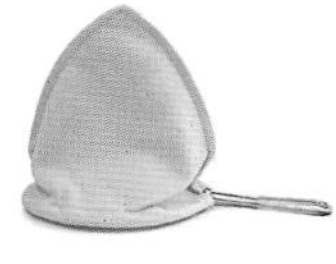
융 드리퍼

서버

분쇄커피

드립포트

저울

계량스푼

타이머

온도계

• 추출해보기 •

STEP 1 처음 사용하는 융 필터는 필터에 붙어 있는 풀기를 제거하기 위해 반드시 한 번 끓여 깨끗한 물에 헹구어 식힌 다음 물기를 제거하고 사용한다.

STEP 2 융 필터의 기모起毛 부분이 안쪽 면에 오도록 하여 필터의 구멍에 필터링을 넣고 링 전체를 돌려가며 융 필터를 세팅한 다음 양 끝단을 교차시켜 링에 고정한다.

STEP 3 융 필터를 포트 위에 놓고 뜨거운 물로 필터와 포트를 예열하고 필터에서 물이 다 빠지면 분쇄커피를 넣고 가볍게 흔들어 평평하게 해준다.

STEP 4 뜨거운 물은 항상 필터에 직접 닿지 않도록 주의하면서 분쇄커피의 중앙에서부터 바깥쪽으로 부어 30초 정도 뜸을 들인 다음 균등하게 드립하고 드립이 끝나면 융 필터를 제거한다.

융 드립 추출 과정

④ 고노 드립Kono Drip

일본 고노커피사이폰(주)에서 개발된 제품인 고노 드리퍼는 융 드립에 가깝도록 고안된 것이다. 모양은 원뿔형으로 리브가 짧은 것과 조금 더 긴 두 가지 형태가 있다. 플란넬 드립의 장점을 살려 편리하게 만든 제품이다.

준비물 고노 드리퍼 1~2인용, 여과지, 서버, 분쇄커피, 드립포트, 저울, 계량스푼, 타이머, 온도계

• 추출해보기 •

STEP 1 여과지를 접어 드리퍼에 끼운 후 커피를 넣고 표면이 고르게 되도록 드리퍼를 흔들거나 손으로 가볍게 친다.

STEP 2 포트에 담긴 물을 한 방울씩 중앙을 향해 점을 찍듯 떨어뜨려 커피 표면을 팽창시킨다.

STEP 3 커피가 내려오기 시작하면 가운데를 향해 동전 크기로 부어 가스를 뺀다.

STEP 4 나선형으로 원을 그리며 물을 부어가며 추출한다. *종이 필터에 먼저 물이 닿지 않도록 주의한다.

STEP 5 거품이 서버로 빨려 내려가지 않도록 물을 여과지 윗부분까지 부어 마무리한다.

고노 추출 과정

⑤ 하리오 드립 Hario Drip

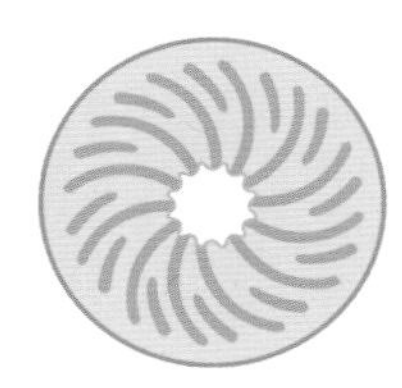

하리오 드리퍼는 고노와 같은 원뿔 형태이다. 고노의 드리퍼와 같이 추출구가 하나이지만 회오리 모양의 리브로 인해 고노 드리퍼에 비해 추출이 빠르게 진행된다. 칼리타 방식과 비슷하게 고속 추출이 되며 부드러운 느낌의 커피를 추출할 수 있다.

준비물 하리오 드리퍼 1~2인용, 여과지, 서버, 분쇄커피(1~2인용 분량), 드립포트, 저울, 계량스푼, 타이머, 온도계

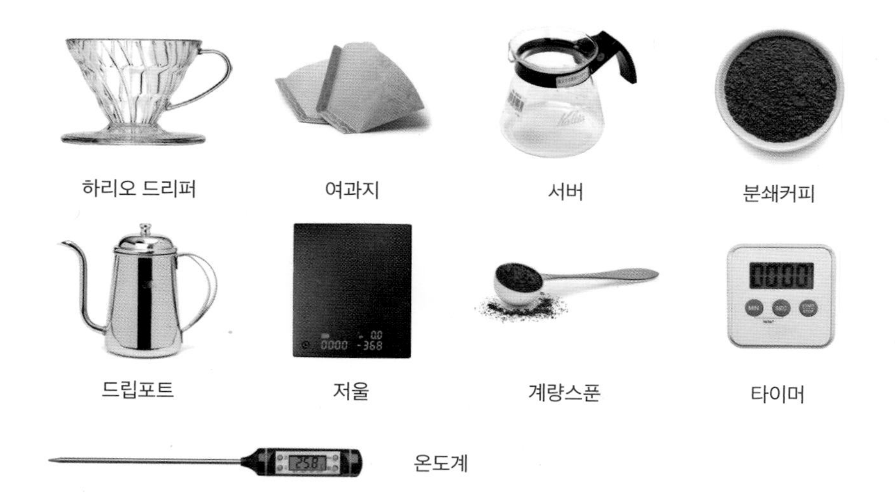

• 추출해보기 •

STEP 1 여과지의 옆면을 따라 접은 후 드리퍼 안에 넣는다. 뜨거운 물로 필터를 적셔 드리퍼를 예열하고 서버에 내려진 물은 버린다.

STEP 2 드리퍼에 분쇄커피를 넣고 가볍게 흔들어 평평하게 한다. *1인분 한 잔 기준 120 mL에 분쇄커피 12 g 사용을 추천

STEP 3 분쇄커피의 중심에서 바깥쪽을 향해 원을 그려가며 뜨거운 물을 붓고 30초 정도 뜸을 들인다.

STEP 4 중심에서 바깥쪽을 향해 원을 그리며 드립을 한다. 이때 물줄기가 직접 종이 필터에 닿지 않도록 주의하며 붓는다. *추출 잔의 수와 상관없이 총추출 시간은 3분 이내로 한다.

STEP 5 적당량의 커피가 추출되면 드리퍼를 빈 컵에 올려 제거한다.

⑥ 클레버 드립Clever Drip

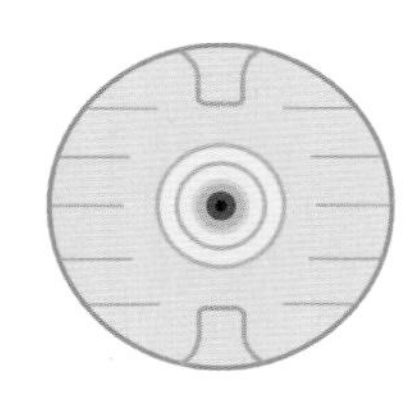

클레버 드리퍼는 셧오프Shut-off 밸브 시스템으로 하단에 실리콘 밸브가 부착되어 있어 일정 시간 물에 커피를 담가서 성분을 우려낸 후 시간이 되면 서버나 컵 위에 올려 여과시키는 방식이다. 클레버를 서버 위에 올리면 셧오프 실리콘 밸브가 열려 내려오게 된다.

침지 방식의 추출 기구와 드립의 장점을 살려 대만에서 제작한 드리퍼로 차를 우릴 때도 사용한다. 형태는 칼리타와 비슷하나 추출된 커피가 처음부터 서버로 내려지지 않고 일정 시간 물과 커피를 가뒀다가 한 번에 빼내는 형태로 비교적 누구나 쉽게 추출할 수 있다.

준비물 1~2인용 클레버 드리퍼, 여과지, 서버, 분쇄커피, 드립포트, 저울, 계량스푼, 타이머, 온도계

· 추출해보기 ·

STEP 1 여과지를 접어 드리퍼에 끼운 후 커피를 담는다.

STEP 2 약 92±2℃ 정도 온도의 물을 붓고 막대나 숟가락으로 젓는다.

STEP 3 약 2~3분 정도 지난 후 컵이나 서버에 드리퍼를 올려 추출한 후 빼낸다.

클레버 추출 과정
(뒷장에 계속)

COMMENT

클레버 드립용 추천 종이 필터

멜리타 1x2 시리즈, 칼리타 102필터 시리즈, 칼리타형(=사다리꼴) 1~2인용 필터 모두 호환이 가능하다.

⑦ 케맥스 드립 Chemex Drip

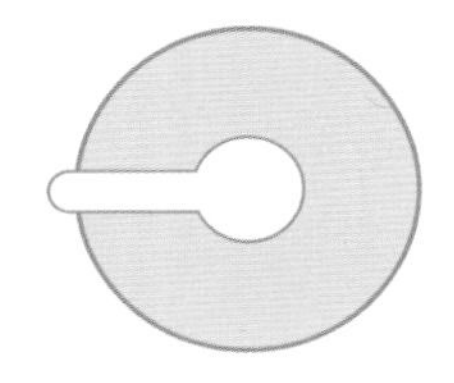

독일에서 미국으로 이주한 과학자인 피터 쉴럼봄Peter Schlumbohm은 커피의 향미를 완벽하게 추출하면서도 미적으로도 아름다운 기구를 만들기 위해 오랜 연구와 실험을 거쳐 1941년 케맥스를 개발했다. 커피 향미를 잡아두기에 유리한 모래시계를 닮은 유려한 곡선 형태와 중간을 우드와 가죽끈으로 장식한 디자인은 그 심미적 아름다움을 인정받아 디자인상을 수상했으며 뉴욕 MOMAThe Museum of Modern Art의 영구보존 컬렉션에 포함되어 있다.

기존 드리퍼와 다르게 리브가 없고 에어 채널Air Channel이 있어 커피 추출 시 발생하는 가스나 공기가 빠져나갈 수 있다.

케맥스 하부에 볼록하게 튀어나온 배꼽 모양 아래를 기준으로 용량을 잰다. 3컵(350 mL), 6컵(450 mL), 8컵(500 mL), 10컵(700 mL), 13컵(1,000/1,500 mL) 등이 있다. 필터는 100% 천연펄프에 곡물 성분으로 되어 있어 다른 드리퍼에 사용되는 필터보다 신축성이 좋고 두꺼운 편이어서 추출 후 젖은 상태에서 잡아 빼도 찢어지는 일이 없다.

COMMENT

사각 필터와 원형 필터의 차이점

재질은 같고 형태만 다르다. 사각 필터는 추출 후 모서리를 잡아 빼기가 쉬워서 원형에 비해 편리하다.

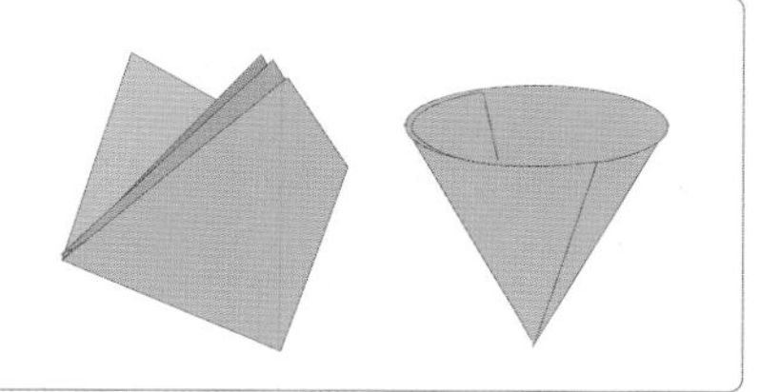

준비물 케맥스, 필터, 분쇄커피, 드립포트, 저울, 계량스푼, 타이머, 온도계

• 추출해보기 •

STEP 1 필터를 접을 때 세 겹으로 겹쳐지는 부분Three-Layer, 즉 두꺼워지는 부분을 에어 채널 쪽으로 해서 넣는다.

STEP 2 뜨거운 물로 필터를 적셔 예열한다. 서버에 담긴 물은 채널을 통해 버린다.

STEP 3 분쇄된 커피를 기구 용량에 맞춰 넣거나, 취향에 맞게 자유롭게 가감하여 넣는다. *원두 표면은 평평하게 한다.

STEP 4 원두 표면 위로 물을 돌려가며 부어준 후 30초 정도 침투하도록 놔둔다.

STEP 5 커피 윗부분까지 천천히 돌려가면서 물을 붓는다. 추출이 시작되어 커피가 내려가면 두세 차례 반복 추출한다.

STEP 6 커피가 다 추출되면 필터를 감싸듯 모아서 버린다.

케맥스 추출 과정

⑧ 콜드브루Cold Brew

차가운 물로 추출한다는 의미가 담겨 있다. 더치커피라고도 불린다. 찬물에서는 커피가 잘 우러나지 않아 보통 8~12시간 정도 추출하며, 물과 커피를 함께 넣고 냉장시켜 추출하는 침출 방식은 12~24시간 이상 걸리지만 냉장 보관만 하면 보관 기간도 길고 쉽게 마실 수 있어 간편하게 즐길 수 있다. 찬물을 이용해 추출하므로 다른 기구에 비해 카페인이 적게 추출되지만, 전혀 없는 것이 아니므로 카페인이 부담스럽다면 마실 때 주의해서 마셔야 한다. 또한 장시간에 걸쳐 추출하면서 외부 오염 물질에 노출될 수 있으므로 가급적 사람이 지나다니는 곳이나 먼지 섞인 공기에 노출되지 않도록 주의해야 한다.

준비물 콜드브루 기구, 여과지, 분쇄커피, 드립포트, 저울, 계량스푼

콜드브루 기구 여과지 분쇄커피 드립포트

저울 계량스푼

• 추출해보기 •

STEP 1 상부 바스켓에 더치용으로 분쇄된 커피 50 g을 넣고 가볍게 눌러 평평하게 균형을 맞춰준 후 위에 필터를 올린다. *콜드브루 400 mL 추출 시 커피와 물의 비율은 1:10

STEP 2 상단 물통에 차가운 물을 삼각 표시 눈금 표시까지(약 400 mL) 부어 준다. *물과 함께 얼음을 넣어주면 더 좋다.

STEP 3 추출이 끝나면 보관 용기에 담아 냉장고에서 숙성시킨 후 마신다. *밸브가 있는 제품은 밸브로 물 속도를 조절하고 밸브가 없는 제품은 천을 끼워 속도를 조절할 수 있다.

콜드브루 추출 과정

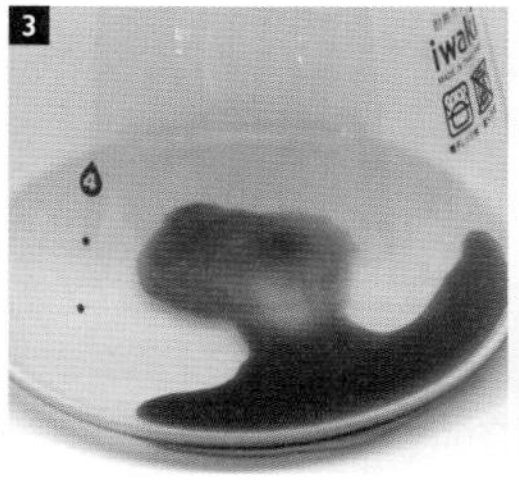

PART 08

원두 구매와 보관

PART

08

원두 구매와 보관

1. 커피 원두

1) 커피의 산패Rancidity

산패란 지방 성분을 가진 식품이 공기 중에 노출되어 산화되면서 맛과 색이 변하고, 이미·이취가 생기는 현상을 말한다.

2) 커피 산패의 원인과 과정

커피에 있는 다양한 화합물과 기름이 공기 중에 노출되면 이러한 물질이 산화하면서 커피 향미가 변한다. 커피의 산패는 커피 신선도와 직결된다. 패키지(봉투) 내 소량의 산소만으로도 산화된다. 주변 온도가 상승할수록 향기 성분은 더욱 빨리 소실된다. 특히 여름에 습한 무더위 상태가 지속될 때와 홀 빈 상태보다 분쇄 상태일 때 더 빨리 진행된다. 습도별 보존일은 보통 습도가 50% 이상인 날씨에는 약 7~8일 정도, 20~30%일 때는 약 2주 정도로 알려져 있다.

원두의 산패 과정

3) 원두 커피 구매

커피 원두Coffee Bean가 신선하지 않으면 에스프레소 추출 시 크레마 층이 얇고 묽으며, 향미가 떨어져 밋밋한 커피가 된다. 커피 전용 봉투에 들어 있는 원두는 로스팅 후 10시간 이상이 지나면 이산화탄소의 85% 이상을 배출해 산화를 막아준다. 그러나 개봉된 원두는 즉시 산소와 만나 산화가 진행되며, 분쇄된 커피일수록 훨씬 빠르게 산화된다. 원두를 분쇄하면 휘발성 향미 오일의 대부분이 공기에 노출되어 빠르게 향을 잃게 되므로 추출 직전에 바로바로 분쇄하여 남김없이 사용하도록 한다.

4) 여러 가지 커피 인증마크

① 열대우림동맹 Rainforest Alliance

열대우림동맹은 개인, 단체, 기업과 함께 일하고 있는 국제 비영리 단체로 지속가능한 환경친화적인 산업을 위한 포괄적인 원칙과 기준을 세워 사라져가는 다양한 생물과 토양 보존을 위해 설립되었다. 주로 코코아, 커피, 과일, 차 등의 농산물을 인증한다. 이와 함께 생태계를 보전하고, 야생동물 보호 및 정당한 계약과 적절한 노동조건 보장 등의 기준을 준수한 제품에 인증을 주고 있다. 미래 세대를 위해 전통적인 재배 방식으로 친환경 농업 커피를 재배하고 생태계 보전에 힘쓰는 커피에 부여되는 인증이다.

② 버드 프렌들리 Bird Friendly

스미소니언철새센터SMBC는 전통적인 방법으로 경작된 커피에 셰이드그로운Shade Grown(그늘재배) 인증 라벨을 주고 있다. 커피나무를 경작할 때 커피나무 외에 키가 큰 나무를 같이 심어 경작하는 그늘경작법을 이용하면 다양한 새들의 서식지가 제공되어 새를 보호할 수 있다. 버드 프렌들리는 이런 유기농 커피를 생산할 수 있는 환경에서 재배되는 커피에 부여되는 인증제도이다.

③ 유기농 인증USDA Organic

공정무역, 열대우림동맹 같은 인증과는 달리 커피 재배 시 최소 3년 동안 특정 화학물질의 사용을 자제해야 한다. 예를 들어 살충제나 비료, 제초제 등과 같은 합성 물질의 사용을 금하고 생산량의 95% 이상을 유기 조건에서 재배해야 한다.

④ 공정무역Fair Trade

공정무역 인증마크는 공정무역의 기준이 충족되는 제품에 표시된다. 커피 생산자와 소비자 간의 공정한 거래를 통해 유통되는 커피를 인증하며, 커피 농장에서는 공정한 거래를 통한 가격을 보장받을 수 있다.

⑤ UTZ 인증

UTZ 커피 생산에 관해 세계적인 인증 프로그램을 시행하고 있으며, 인증된 기관에는 기술적 지원과 커피 농장 경영에 능률을 높일 수 있도록 컨설턴트 역할을 하고 있다. 사회적 책임감을 갖고 지속 가능한 방식으로 생산되는 초콜릿, 차, 커피에 대한 인증으로 더 나은 농업, 더 나은 미래라는 콘셉트의 지속 가능한 환경과 생산자와 구매자 모두를 위해 더 나은 삶에 이바지하는 넓은 의미의 환경인증이다.

2. 원두의 보관과 포장

갓 볶은 원두는 내부의 가스 배출을 위해 2~4시간 정도 상온에 놓아둔 후 밀폐된 용기에 넣어 보관한다. 로스팅 후 가스가 배출되면서 2~4일 사이에 향미가 최대가 되었다가 2주일이 넘어가면 커피의 향과 맛의 감소 폭이 커지고 지방 성분은 산소와 결합하여 산화가 촉진된다.

따라서 공기와의 접촉, 수분, 직사광선을 피하고 다른 냄새를 흡수하는 것을 최소화하기 위해 원두를 플라스틱 용기보다는 밀폐할 수 있는 금속 용기나 유리 용기에 밀봉하여 보관한다. 소비할 수 있는 만큼 구매하고, 한꺼번에 보관하는 대신 소량씩 나눠 보관하는 것이 좋다.

1) 가정에서의 보관

원두는 플라스틱 용기보다는 밀폐할 수 있는 금속 용기나 유리 용기, 또는 지퍼 봉투에 넣어 밀봉 보관한다. 음식 냄새를 쉽게 흡수하므로 냉장 보관하지 말고 신선한 상태로 5~7일 안에 소비할 수 있는 만큼만 구매하여 실온에 보관한다.

2) 공장에서의 보관

갓 볶은 원두는 가스가 많이 나오므로 아로마 밸브가 없는 봉투나 지퍼백에 넣으면 봉투가 터질 수 있다. 또 바로 추출하게 되면 추출 시간이 빠르거나 크레마가 안정되지 않아 거품이 많이 나올 수 있고, 텁텁한 느낌의 부정적 느낌을 줄 수 있다. 로스팅 후 원두의 숙성(디개싱Degassing)을 통해 가스를 안정시키는 것이 중요하다.

COMMENT

디개싱(Degassing)이란?

로스팅한 원두를 숙성해서 이산화탄소를 배출시키는 가스 배출 과정을 말하며, 안정적인 커피 추출을 위해 필요하다. 대기 온도에 따라 디개싱 시간이 차이가 나므로 기간을 잘 조절해야 한다. 보통 수일에서 2주 정도 기간을 갖는다.

3) 커피 보관에 부정적인 5가지 요인(산소, 빛, 열, 온도, 습기)

커피를 보관할 때 가장 신경 써야 할 것은 환경적 요인이다. 산소, 빛, 열, 온도, 습기 등은 커피를 보다 빨리 산화시키고 향미를 잃게 만든다. 산소를 차단하기 위해 밀폐 용기에 넣어 암랭소暗冷所에 보관해야 한다. 이때 어둡다고 싱크대 속이나 창고에 넣어두면 온도나 습기의 영향을 받을 수 있으므로 최대한 고려하여 보관한다.

4) 원두의 포장

원두 포장 방법에는 산화의 원인인 산소를 제거하기 위해 진공 포장이나 산소를 1.0% 미만으로 낮춰 불활성 가스인 질소로 치환한 질소 포장, 계속 발생하는 가스를 제거하기 위해 특수 밸브를 달아놓은 밸브 포장, 알루미늄이나 주석 재질의 용기를 사용하여 포장 내부 압력을 견딜 수 있도록 한 가압 포장 방법이 있다.

(1) 가스 치환 포장MAP : Modified Atmosphere Packaging

원두의 유통기한을 연장하기 위해서는 외부 공기와 습도의 접촉을 최소화하는 것이 중요하다. 질소 치환 포장을 통해 변질 또는 부패를 최대한 막아줄 수 있고 원두의 파손을 막는 효과도 있다. 질소(N_2)는 원두의 산화를 방지하고 미생물의 성장을 억제하는 기능을 한다. 주로 커피의 지방산이 산화되는 것을 막기 위해 사용하는 가스 치환 포장은 일회용 커피나 캡슐 제품 등에 이용된다.

(2) 아로마 밸브 Aroma Valve

원두는 보관 과정에서 많은 양의 가스를 일정 기간 계속해서 배출하게 되는데 포장용기에 배출 통로가 없으면 가득 찬 이산화탄소로 인해 봉투가 팽창되고 풍선처럼 터지게 된다. 이를 막기 위해 이산화탄소를 원활히 배출하고 외부 공기와 습기가 유입되지 않도록 막아주는 것이 밸브의 역할이다.

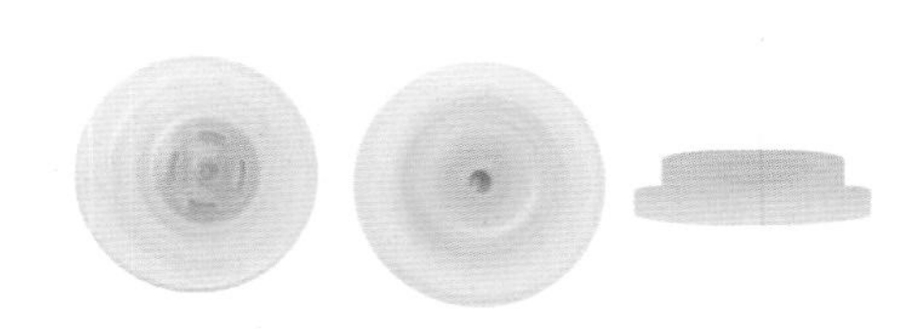

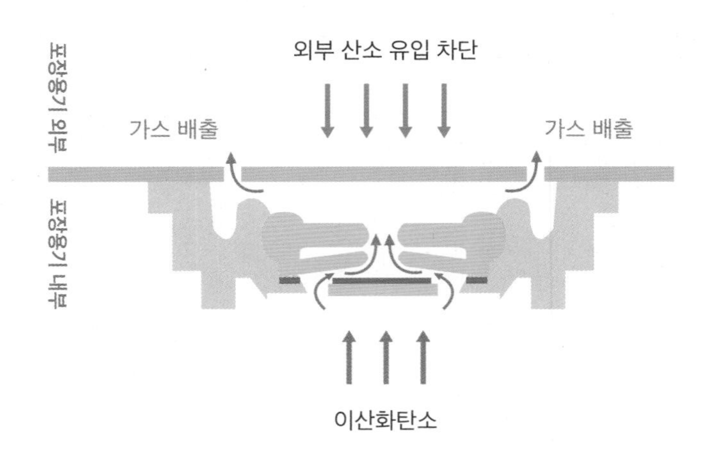

아로마 밸브 작동 모식도

PART

09

우유, 카페인, 디카페인

PART

09

우유, 카페인, 디카페인

1. 우유

우유[Milk]는 커피 메뉴에서 가장 많이 쓰이는데, 우유 상태 그대로 또는 작은 거품을 만들어 사용한다. 우유는 소화 흡수가 좋을 뿐만 아니라 생명을 유지하고 신체 활동에 필요한 모든 영양소가 적절히 들어 있는 완전식품에 가까운 식품이다.

1) 우유의 성분

현재 우유 생산량의 2/3 정도가 음용으로 사용되며, 나머지는 유제품 가공용으로 쓰인다. 우유 성분의 약 88% 이상이 수분으로 이루어져 있고, 그 외에 단백질, 지질, 탄수화물, 비타민과 무기물 등이 들어 있다.

우유의 종류는 지방함량에 따라 일반 우유, 저지방 우유, 무지방 우유로 나눈다. 일반 우유의 지방함량은 약 3.4% 정도로 부드러우면서 고소한 맛이 난다. 저지방 우유의 지방함량은 약 2% 정도이며, 무지방 우유는 지방함량이 0.1% 정도로 매우 낮다. 지방함량이 낮을수록 우유 열처리 시 거품이 잘 생성되지 않고 광택도 덜하다.

일반 우유와 저지방 우유의 지방함량 비교

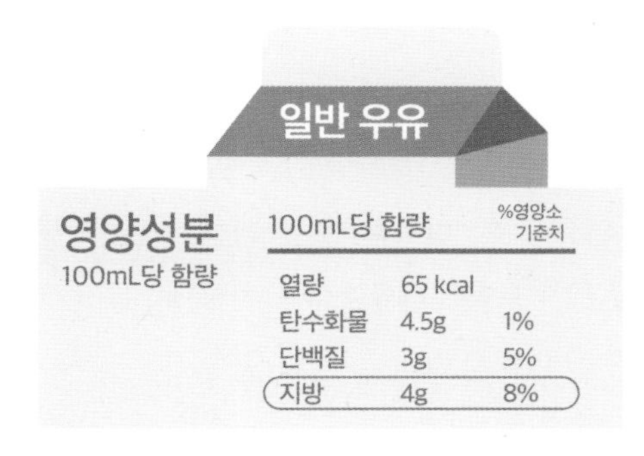

COMMENT

우유의 종류

우유는 가공 방법에 따라 살균우유, 저지방 우유, 무지방 우유, 가공우유, 식물성 우유, 환원유가 있다. 이 중 식물성 우유는 유당불내증이나 우유 알레르기 등의 이유로 일반 우유의 섭취가 힘든 소비자를 위해 식물성 원료를 이용하여 만든 유제품으로 두유, 귀리유, 아몬드유 등이 있다.

(1) 단백질

우유의 단백질 함량은 3~4%이다. 단백질의 약 80%는 카제인Casein이고, 그 밖에 유청 단백질Whey Protein과 미량의 단백질-질소 화합물을 함유하고 있다. 카제인은 칼슘과 결합하여 우유의 유백색을 띠게 하고 산과 결합하여 치즈 제조에 이용된다. 유청 단백질은 약 65℃ 이상의 열을 가하면 피막을 형성하고, 익은 냄새가 나며 냄비 바닥에 침전물을 생기게 한다.

COMMENT

카제인(Casein)

우유의 주요 단백질로서 유화 작용 및 보습 작용 등을 일으켜 식품 가공에 사용된다. 식품 가공의 예로서 주로 가공 치즈, 커피 화이트너(coffee whitener : 커피에 넣는 분말 형태의 크림)나 육아용 분유, 빵류, 수산가공식품, 육류가공식품, 스파게티, 마요네즈 등이 있다.

유청 단백질(Whey Protein)

카제인을 제거한 유단백질을 말하며 우유 단백질의 약 20%를 차지한다. 락토알부민과 락토글로불린은 산에 의해 침전되지 않고 열에 의해 응고·침전되기 때문에 우유의 열 응고성 단백질이라고도 불리며 유청 단백질의 약 80%를 차지한다.

(2) 지질(지방)

우유의 지방은 유화Emulsion 상태로 존재하며 불투명하다. 보통 시판 우유의 지질함량은 약 3.5~4% 정도이다. 주성분은 트리글리세라이드(지방)로 지질의 97~98%를 차지한다.

부티르산Butyric Acid(버터산, 낙산)은 우유와 유제품에 들어 있는 지방산으로 독특한 향을 지니는데, 지질이 산화되거나 변질되면 불쾌한 냄새를 유발한다.

(3) 탄수화물

우유에 탄수화물은 약 4~5% 정도 들어 있는데, 그중 대부분은 유당Lactose이고 나머지는 미량의 포도당Glucose, 갈락토오스Galactose 등이며, 단맛을 느끼게 하지만 유당의 단맛은 약한 편이다. 유당은 유산균 증식과 칼슘 흡수를 돕는다. 탄수화물은 열처리 과정에서 캐러멜화 반응으로 갈색을 띠게 한다.

(4) 비타민과 무기질

우유에는 지용성 비타민 A, D, E, K가 지방구에 녹아 있고, 소량의 B군과 같은 수용성 비타민을 함유하고 있으나 비타민 C나 E는 적게 들어 있다.

무기질은 칼슘이 풍부할 뿐만 아니라 인과의 비율도 거의 1:1로 체내 이용률도 좋다. 그러나 빈혈 예방에 좋은 철이나 구리 등의 무기질 양은 적다.

2) 우유의 살균

우유를 살균하는 방법으로는 저온살균, 고온살균, 초고온살균법이 있다. 시판 우유는 크게 멸균우유와 살균우유로 나뉜다.

멸균우유는 초고온살균법으로 약 135~150℃에서 2~5초간 가열하여 실온에서 자랄 수 있는 모든 미생물을 완전히 사멸시킨 우유를 말한다. 멸균우유는 위생적으로 완전하여 장기간 상온 보관이 가능하다.

살균우유는 식품위생법상에는 섭씨 62~65℃ 사이에서 약 30분간 가열살균하거나 이와 동등 이상의 살균 효과를 지닌 방법으로 가열살균하도록 되어 있다.

(1) 저온살균법Low Temperature Long Time(LTLT) Pasteurization

저온에서 연속적으로 장시간 가열하여 살균하는 방법으로 1860년대에 파스퇴르Louis Pasteur가 고안하였다. 우유의 저온살균은 결핵균의 사멸을 위해 30분간 62~65℃를 유지하면서 가열함으로써 화농구균이나 장내세균 등의 병원균을 처리한다. 이 방법은 우유 소독에 응용되며 가열하면 풍미의 변화를 일으킬 수 있는 과즙, 맥주 등에 이용된다.

(2) 고온살균법 High-Temperature Short-Time(HTST) Sterilization

고온에서 연속적으로 단시간 가열하는 우유 살균법으로 HTST살균이라고도 한다. 살균은 대부분 가열을 통해 이루어지나 그 효과는 가열 온도와 시간의 조합으로 정해진다. 높은 온도에서 짧게 살균하는 것이 식품의 영양 유지와 품질에 좋다.

고온 단시간 살균법은 71.1~73.9℃에서 12~30초 정도로 저온살균법에 비해 짧은 시간 살균한다. 이 방법은 다량의 우유 처리에 적합하다.

(3) 초고온살균법 Ultra High Temperature(UHT) Sterilization

우유 살균에 가장 많이 사용되는 방법으로 우유의 대량생산이 가능한 방법으로 이용된다. 우유를 135~150℃(약 120℃)의 높은 온도에서 약 1~3초간 가열처리하여 모든 미생물을 사멸시켜 무균적 포장 과정이 필요 없다.

커피에 사용하기에 가장 적합한 살균법으로 밀크 스티밍 시 우유의 단맛과 고소한 향이 강하다.

3) 우유의 선택과 보관

신선하고 좋은 우유를 선택하기 위해 반드시 우유의 제조일자와 유통기한을 확인하는 것이 중요하다.

우유의 일반적인 유통기한Expiration Date은 10일 정도로 가장 최근에 제조된 우유를 고르거나 유통기한이 많이 남은 우유를 선택하여 반드시 냉장 보관해야 한다. 유통기한이 많이 남은 제품이라도 팩이 부풀어 있거나 냉장 보관되지 않은 우유는 사용하지 말아야 한다.

4) 우유의 첨가 효과

커피에 우유를 첨가하면 미각 측면에서 좋아지는 것과 더불어 시각적 측면에서도 매우 좋은 결과를 가져온다. 커피의 쓴맛에 달콤한 우유가 첨가되면 고소한 맛이 살아날 뿐만 아니라 짙은 커피색이 브라운 계열의 옅은 색상으로 변해 시각적으로 긍정적인 변화를 가져온다.

커피에 이용되는 우유는 65℃ 정도로 데우는 것이 좋다. 65℃ 이하일 때는 우유의 폼Foam이 제대로 생성되지 못하고 미지근한 느낌을 주고, 70℃가 넘어가면 단백질이 파괴되고 불쾌한 냄새를 유발할 수 있고 우유 표면에 막이 생긴다.

(1) 영양 상승

우유에 함유된 영양 성분의 첨가로 인하여 열량이 증가하고, 단백질, 지질, 유당, 칼슘 등의 보충으로 간단한 식사 대용으로도 가능하다. 특히 지나친 커피 섭취는 칼슘 흡수를 저해하여 골다공증을 유발할 위험이 있는데, 칼슘 함량이 높은 우유와 함께 섭취한다면 이를 예방할 수도 있다.

(2) 맛의 상승

우유를 첨가하면 우유의 단맛으로 인하여 커피의 쓴맛이 중화되고, 우유의 풍부한 단백질과 지질로 인하여 부드러운 질감과 고소한 맛을 느낄 수 있게 된다.

(3) 색의 조화

커피는 로스팅 과정에서 열에 의해 짙은 갈색으로 변화한다. 우유는 카제인과 유지방의 소립자가 분산되어 유백색을 띠는데, 커피에 우유를 첨가하면 색이 옅어지기도 하고 블랙과 화이트가 조화를 이루는 시각적인 효과도 얻을 수 있다.

(4) 심리적 안정 효과

커피 속 카페인은 각성제로서 신경을 예민하게 만들어 불면증에 걸리게 할 수도 있다. 우유에 함유된 트립토판(필수아미노산의 일종)은 신경을 진정시키는 세로토닌과 멜라토닌을 생성함으로써 긴장 완화와 심리적 안정감을 얻는 데 도움을 준다.

5) 유당불내증(유당분해효소 결핍증)

우유를 마시고 나면 유당(젖당)Lactose이 분해·소화되어야 하는데 소화 흡수 과정이 제대로 이루어지지 않아 복통과 설사 등을 유발하는 증상을 유당불내증Lactose Intolerance이라고 한다. 보통 배가 더부룩해지고 가스가 차기도 하며, 묽은 변을 보게 되고 심하면 복통을 일으킨다.

이런 유당불내증이 있는 경우 우유의 유당을 제거한 락토프리 제품이나 식물성 우유(두유나 아몬드유)를 마시면 좋다.

2. 카페인

CAFFEINE

N Nitrogen
C Carbon
O Oxygen
H Hydrogen

카페인Caffeine은 커피 열매나 카카오, 찻잎 같은 식물의 열매나 잎 등에 대표적으로 함유되어 있는 잔틴 알칼로이드Xanthine Alkaloid 화합물로서 쓴맛을 지닌 무색의 물질이다. 보통 우리가 즐겨 먹는 커피나 초콜릿, 차, 콜라 등에 들어 있다. 카페인은 식물 주변의 씨앗이 발아하는 것을 막아 영양분을 뺏기지 않도록 지키고, 곤충으로부터 식물을 방어하기 위한 방어책이다. 또한 카페인은 쓴맛을 지닌 백색 물질로 커피 쓴맛의 약 10% 정도를 차지한다.

1) 카페인의 작용

카페인은 보통 졸음을 쫓기 위해 마시거나 집중력 향상과 운동능력 향상을 위해

카페인 섭취 후 시간별 변화

10~15분 후	심장 박동이 빨라지고 혈압이 상승한다.
30~45분 후	혈액 안의 카페인 농도로 인해 각성상태가 되면 카페인 수치도 최고조에 달한다.
50~60분 후	체내 카페인이 완전히 흡수되는 상태로 간이 혈액 내 당을 흡수하여 당을 조절한다. 혈압도 최고로 높아지는 상태이다.
5~6시간 후	카페인 섭취 시 혈액 안에 카페인은 10시간 정도 지속되나 5~6시간이 경과되면 혈액 내 카페인이 50% 정도 감소한다.
12시간 후	섭취한 카페인 양에 따라 체내 잔존 카페인 양이 다르나 보통 12시간 이후라면 카페인이 거의 몸 밖으로 배출되거나 사라진 상태이다.

섭취한다. 그 외에도 기억력 향상, 심혈관계 질환 예방, 간암 예방, 체지방 감소 등 다양한 영향을 준다고 보고된다. 또한 카페인이 들어 있는 커피 음료를 운동 전에 섭취하면 체지방 감소에 도움을 받는다.

카페인은 섭취 후 1시간 후부터 작용하고, 3~4시간 유지되었다가, 보통 8시간 후에는 배출된다고 알려져 있다.

2) 카페인 권장량

카페인 권장량은 나이나 몸무게에 따라서도 달라지므로 평소 자신에게 맞는 적정 카페인 섭취량을 알 필요가 있다. 카페인은 미국 FDA에서 대체로 안전한 물질로 분류한다. 카페인은 체중이 줄어들고 칼슘의 흡수를 방해하기 때문에 18세 이하 청소년의 경우 하루 100 mg 미만의 카페인 섭취가 권고된다. 현재 발표된 자료에 따르면 아이들의 경우 체중 1 kg당 평균 2.5 mg 이하의 카페인을 섭취할 수 있다고 한다.

어린이·청소년
체중 1 kg당 2.5 mg 이하

임산부
1일 300 mg 이하

성인
1일 400 mg 이하

유아 및 아동 최대 일일 권장 카페인 섭취량

연령대	최대 권장 일일 카페인 섭취량
4~6세	45 mg 정도로 보통 카페인 음료(12 oz)와 비교해 약간 더 많음
7~9세	62.5 mg
10~12세	85 mg(보통 컵의 커피 약 50% 정도)

식품별 카페인 평균 함유량

구분	믹스커피	탄산음료	과자	초콜릿	아이스크림	액상차	카푸치노	아메리카노	캔커피
음료 용량	1봉 (10 g)	1병 (500 mL)	1봉 (100 g)	1개 (100 g)	1개 (100 g)	1병 (500 mL)	1잔 (355 mL)	1잔 (355 mL)	1캔 (200 mL)
카페인 함량	81.3 mg	83.8 mg	1.5 mg	3 mg	1.8 mg	58.8 mg	137.3 mg	125 mg	118 mg

자료 : 식품의약품안전처

시중판매 고카페인 음료 유형별 카페인 함량 현황

구분	에너지드링크				인스턴트커피	원두 캔커피
	식품			의약외품		
제품명	핫식스	레드불	몬스터	박카스F	조지아 오리지널	TOP 마스터 블렌드
제품 이미지						
용량/용기	250 mL/캔	250 mL/캔	355 mL/캔	120 mL/병	240 mL/캔	275 mL/캔
카페인 함량 (캔당)	60 mg	62.5 mg	100 mg	30 mg	104 mg	94 mg

3) 카페인 과다복용

카페인 과다복용 시 카페인 의존성으로 인해 섭취 후 신경질, 과민성, 불안, 불면증, 두통 및 두근거림을 포함한 광범위한 불쾌한 증상을 유발한다. 취침 전 카페인 성분이 들어 있는 식음료 섭취 시 소변량을 늘려 수면에 방해를 줄 수 있고, 그 영향으로 장기적 불면증이 생길 수 있어 늦은 밤에는 섭취를 피해야 하며, 꼭 마시고 싶다면 디카페인 커피를 섭취하도록 한다.

카페인 중독은 사람마다 편차가 있으나 보통 하루 1,000~1,500 mg 이상 섭취 시 나타날 수 있다.

3. 디카페인 커피

1) 디카페인

디카페인 커피Decaffeinated Coffee란 커피 고유의 향미는 유지하면서 카페인만 제거한 커피를 말한다. 카페인을 90% 이상 제거하였을 때 '무無카페인 커피' 또는 '디카페인 커피'라고 표기한다.

1819년 독일의 화학자 룽게Friedrich Ferdinand Runge에 의해 최초로 카페인 제거 기술이 개발되었으나, 상업적 규모의 카페인 제거 기술은 1902년 독일의 화학자 루트비히 로셀리우스Ludwig Roselius에 의해 개발되었다.

2) 디카페인 커피 제조 방법

(1) 유기화학 용매 추출법

유기 용매를 이용해 카페인을 제거하는 방식으로 용매 잔류에 의한 안전성 문제와 카페인 용해성溶解性, 낮은 비등점沸騰點과 용매 제거의 문제점으로 인해 우리나라에서는 이용하지 않는다.

벤젠, 클로로포름, 트라이클로로에틸렌을 사용해 카페인을 제거하는데 제거율은 97~99% 정도로 알려져 있다.

① 카페인 제거에 사용되는 유기 용매

- **벤젠** 무색의 휘발성 액체로 독특한 냄새가 난다. 염료, 향료, 폭약, 살충제 따위의 원료로 쓰인다.
- **클로로포름** 무색의 휘발성 액체로, 화합물의 용제, 마취제 따위로 쓰인다.

- **트라이클로로에틸렌** 무색의 액체로 불연성이고 유독하며 용해를 촉진하기 위하여 섞는 데 쓰인다.

(2) 물 추출법

스위스워터Swiss Water 방식이라 불리며 카페인 이외의 수용성 성분을 같은 양의 물에 통과시켜 카페인을 제거하는 방식이다.

물을 이용한 카페인 추출 방법

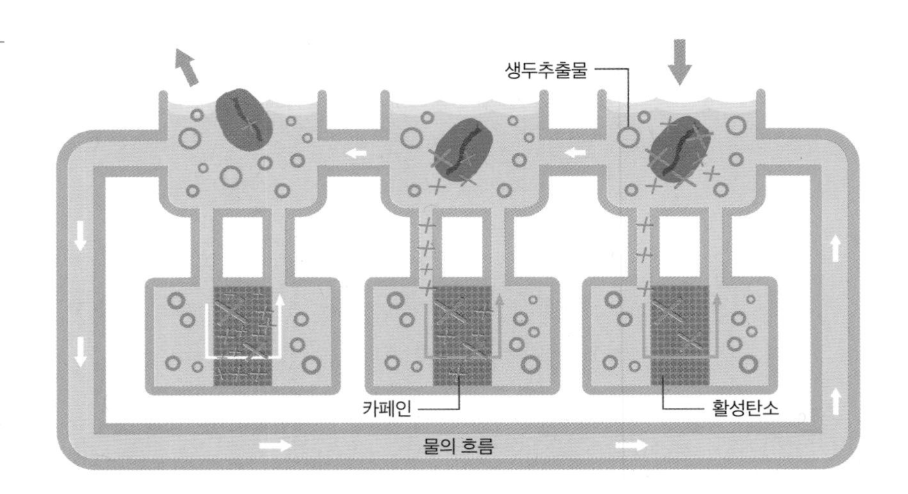

생두를 물에 담그면 아미노산, 클로로겐산, 소당류와 함께 카페인이 녹아 나온다. 활성탄을 통해 녹아 나온 카페인을 제거한다. 카페인을 제거한 후 수용성 성분만 남아 있는 물에 생두를 다시 담근다. 삼투압에 의해 카페인만 녹아 나오고 카페인이 제거된 생두만 남는다.

같은 양의 물에 8~10시간 정도 여러 번 통과시켜 처리한다. 카페인을 녹인 물은 활성탄으로 여과시켜 카페인을 걸러낸 후 교체한다. 추출 속도가 빨라 회수 카페인의 순도가 높다. 유기 용매가 직접 생두에 접촉하지 않아 안전하고 경제적이라 가장 많이 사용된다.

(3) 초임계 추출법

초임계 추출법은 액체 상태가 된 이산화탄소(CO_2)를 생두에 침투시켜 카페인을 제거하는 방식이다. 유해 물질의 잔류 문제가 없어 인체에 해가 없고, 향미 보존에도 좋아 카페인 추출에 탁월하지만, 시설 비용이 비싸고 고온·고압 상태 유지에 비용이 많이 드는 단점이 있다. 초임계 추출을 이용한 커피의 카페인 잔존량은 0.02% 이하이다.

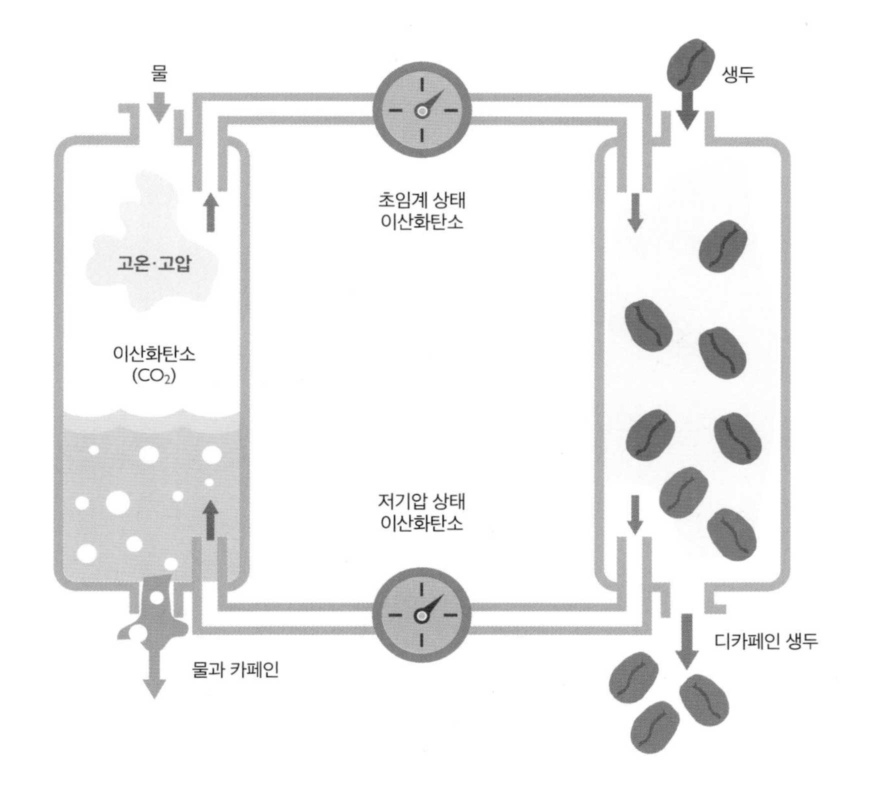

이산화탄소를 이용한 카페인 추출 방법(초임계 추출)

COMMENT

초임계 상태란?

보통 이산화탄소는 기체로 존재하지만 압력을 가해 기체와 액체의 양쪽 성질을 모두 지닌 상태, 즉 초임계 상태로 만들거나 액체 상태로 만들어 사용하기도 한다. 위 세 가지 중 초임계 상태일 때 카페인 제거율이 가장 높다.

3) 디카페인 커피 시장

디카페인 원두 수입량과 생두 수입량 모두 점점 늘어나는 추세이다. 2021년 관세청 자료에 의하면 디카페인 원두는 2020년에 3,712톤, 2021년에 4,737톤이 수입되었다. 디카페인 생두 또한 2020년 3,000톤에 이어 2022년 6,000톤에 이르면서 수입량이 두 배가 되었다.

자료 : 국세청

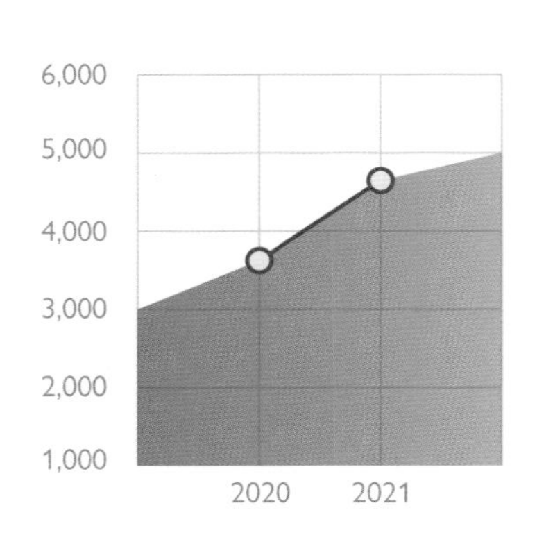

디카페인 원두 수입량

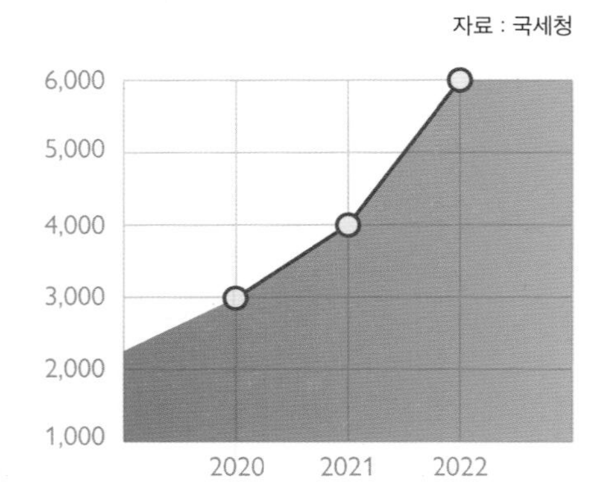

디카페인 생두 수입량

BARISTA COFFEE ROADMAP

PART

10

위생과 매장관리

PART

10

위생과 매장관리

1.
위생

2.
매장관리

1. 위생

1) 위생

보통 식품은 영양소가 골고루 들어 있고 부패나 변질하여 유독·유해 물질 등에 오염되지 않아야 한다. 품질과 선도가 양호하고 안전성을 갖춘 것이어야 하며, 기호적 측면과 아울러 영양, 질병 예방이나 노화 방지 등 생리적인 기능도 갖추어야 한다.

커피는 습기가 많은 곳에 보관했을 때 곰팡이나 세균에 의해 오염되어 생성된 독성성분으로 인해 건강을 해칠 수 있다. 따라서 커피는 본래의 향미 특성을 유지하고 품질 저하를 막기 위해서 최적의 수분 함량, 온도, 습도 조절과 빛 차단 등을 지켜 올바르게 저장해야 한다.

2) 식품과 위생 위해 요소

식품이란 의약으로 섭취하는 것 이외의 모든 음식물을 말한다. 식품의 원재료 자체에 함유된 유독하거나 해로운 성분, 외부로부터 혼입된 미생물이나 잔류 농약, 방사선 등 오염, 제조나 가공 및 유통하는 과정에서 생성되는 물질로 인하여 건강을 해치거나 해칠 우려가 있다. 특히 식품 섭취로 인하여 인체에 해로운 미생물 또는 유독 물질에 의하여 발생하였거나 발생한 것으로 판단되는 감염성 질환 또는 독소형 질환을 식중독이라 한다.

식중독과 구분되는 전염병은 특정 병원체나 병원체의 독성물질로 인하여 발생하는 질병으로 감염된 사람으로부터 감수성이 있는 숙주 사람에게 감염되어 호흡기계 질환, 위장관 질환, 간 질환, 급성 열성 질환 등을 일으키며, 전파 방법은 사람 간 접촉, 식품이나 식수, 곤충 매개, 동물에서 사람으로 전파, 성적 접촉 등에 의한다.

(1) 생물학적 위해 요소

곰팡이, 세균, 바이러스 등 미생물, 기생충이나 원충 등에 함유된 식품을 섭취했을 때 발생하는 경우로 식품에서 가장 많이 발생할 수 있는 요소이다. 위해 요소는 식품의 원료, 제조, 가공, 보관 과정뿐만 아니라 작업장으로 미생물이 유입되어 오염될 수 있는데, 개인 위생 불량이나 먹는 물의 오염, 작업 환경 불량 등으로 인하여 발생할 수 있다.

(2) 화학적 위해 요소

화학적 위해 요소는 곰팡이 독과 같은 자연독과 식품의 제조, 가공, 포장, 보관, 유통, 살균이나 소독 과정에서 유입·오염되는 화학물질을 말한다.

PLUS+ 더 알아보기

자연독은 동물에 자연적으로 기생하는 것으로서 식품이 가진 독성 성분이나 곰팡이에 의해 생성된 독성물질로 열에 의해서도 쉽게 파괴되지 않는다. 커피콩을 습기가 많은 곳에서 보관했을 때 곰팡이에 의해 오염되어 생성되는 독성 성분인 오크라톡신A Ochratoxin-A는 적은 양으로도 기형 발생, 돌연변이 유발, 발암, 면역 억제를 일으키는 강력한 신장독이며, 간장독이므로 커피의 보관에 특히 주의해야 한다.

잔류 농약, 대기나 토지 오염으로 인한 수은, 납 등 중금속 중독, 제조와 가공, 포장 처리하는 동안 생성된 유해 물질은 급성 또는 만성 중독을 일으켜 사망에 이를 수 있다.

(3) 물리적 위해 요소

식품에 함유되어서는 안 되는 흙, 유리, 금속 등 이물질이 제거되지 않는 경우를 말하며 원료의 처리 과정이나 작업장 위생불량, 종사자들의 취급 부주의 등으로 발생할 수 있다.

3) 위생관리

식품 위생에서 가장 중요한 것은 위해 요소의 제거이다. 따라서 식품의 부패나 미생물이 만들어내는 독소 생성을 억제하기 위해서는 미생물의 성장 요소에 대한 관리가 중요하다.

PLUS+ 더 알아보기

수분은 미생물 생육에 필수 요소로, 미생물이 성장하지 못하도록 수분을 감소시켜야 한다. 특히 곰팡이는 낮은 온도뿐만 아니라 수분 함량이 적은 조건에서도 생육할 수 있다. 곰팡이가 증식하면 식품이 부패할 뿐만 아니라 때로는 독소를 생성하기도 하는데 곰팡이에 의해 생성된 독을 곰팡이 독Mycotoxin이라 한다. 커피를 수확한 후 콩을 선별하고 건조, 저장하고 거래하는 동안에 수분 함량이 최대 12.5% 정도여야 하는데, 13.5%가 넘어가면 곰팡이가 번식할 수 있다. 온도는 18~20℃, 습도는 55~60%를 유지해야 하며 직사광선을 피해서 보관해야 한다.

(1) 개인 위생

맨눈으로는 보이지 않지만 손에는 많은 세균이 존재하여 위해 미생물에 의해 식중독이 발생하거나 식품을 다루는 과정에서 교차오염이 일어날 수 있다. 손 씻기를 통한 세균의 제거 효과는 흐르는 물로만 씻어도 상당한 효과가 있다. 비누를 사용하여 흐르는 물로 20초 이상 씻었을 때는 99.8%의 제거 효과가 있으며, 비누로 씻은 후 상업용 소독 비누 등을 추가로 사용하는 경우에는 효과가 더욱 좋다.

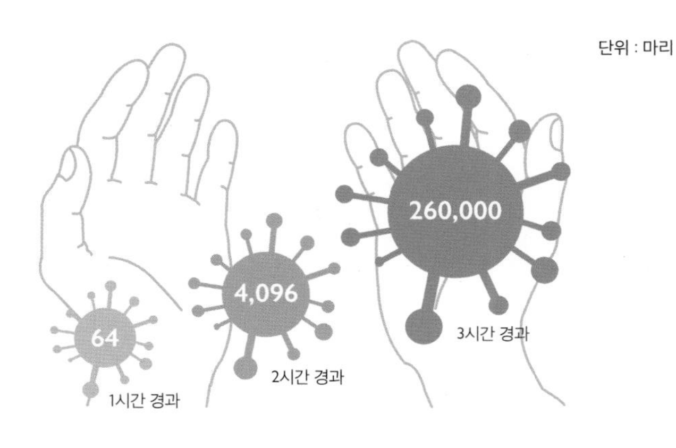

손의 세균 증식

자료 : 식품의약품안전처, 식중독 예방교육교재

또한 항상 청결한 복장 상태를 유지하고, 머리와 손톱을 항상 짧게 자르고 반지나 시계 등은 착용하지 않는 것이 좋다.

조리 종사자는 식품위생법에 따라 연 1회 건강검진을 받아야 할 의무가 있으며, 손이나 얼굴에 화농성 상처나 종기가 있는 경우는 조리하지 않아야 한다.

① 바르게 손 씻기

손 씻기 방법

자료 : 식품의약품안전처, 식중독 예방교육교재

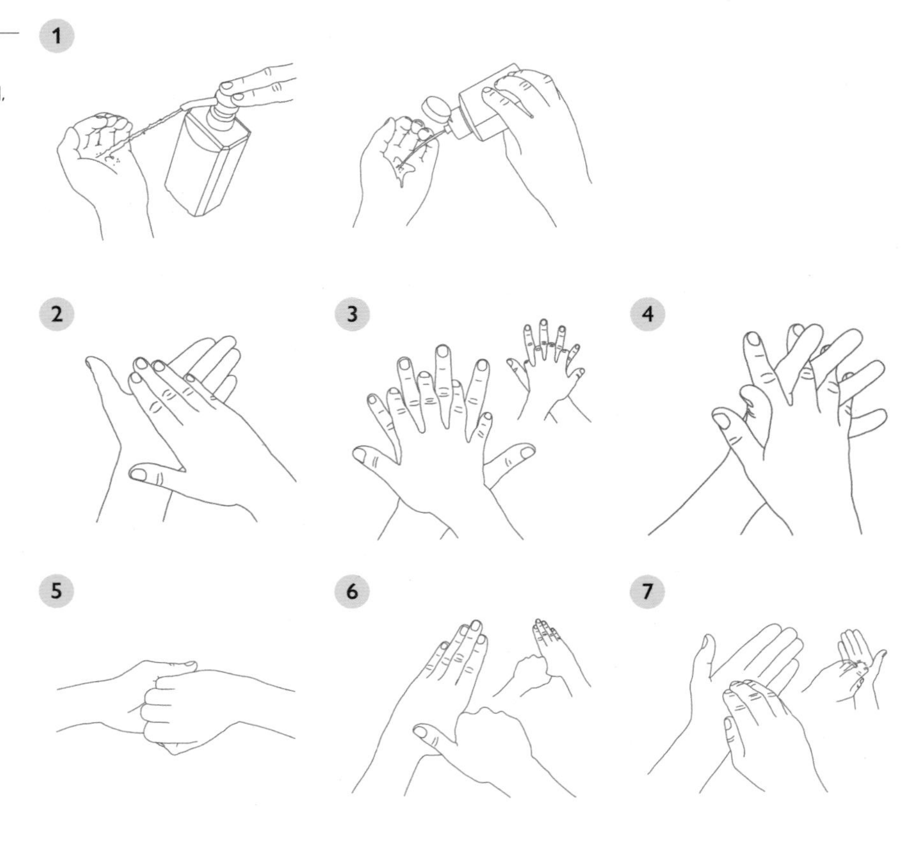

(2) 작업장 위생

① 보관 및 저장

재료는 지나치게 많은 양을 주문하지 말고 적정한 물품량을 예측하여 필요한 만큼만 주문한다. 식품은 바닥에 보관하지 말아야 하고, 햇빛이 닿지 않는 서늘한 장소에 위생적으로 진열, 보관하여 판매한다.

② 식재료의 유통기한

모든 식재료는 유통기한을 반드시 확인해야 하고 유통기한이 지난 물품은 폐기한다. 먼저 들어온 물품을 먼저 소비하는 선입선출의 원칙을 지키도록 한다. 채소나 과일 등은 심하게 손상되지는 않았는지 또는 흙 등의 이물이 많이 묻어 있지는 않은지, 채소의 잎이나 과일의 꼭지 등이 신선한지, 통조림은 상하면에 손상이 있거나 외관상 이상이 없는지 등을 자세하게 살펴보아야 한다.

③ 상온 보관

식자재와 일반 소모품을 분리하여 깨끗한 창고나 진열장에 보관하도록 한다. 저장실은 깨끗하게 건조하며 다른 오염원이 없어야 하고, 보관된 식자재가 해충과 쥐 등으로부터 오염되지 않도록 주의해야 한다.

④ 냉·온장 보관

냉장고 온도는 4℃ 이하, 냉동고 온도는 -18℃ 이하가 되도록 항상 온도 관리를 해야 한다. 냉장·냉동고에 지나치게 물품을 가득 채우면 찬 공기가 잘 순환하지 못하기 때문에 용량의 70% 정도로만 식품을 보관하는 것이 좋고, 각 식품의 보관 방법을 확인한 후에 보관하도록 한다.

⑤ 기타 식재료 보관

냄새가 나는 식품과 우유나 달걀같이 냄새를 흡수하는 식품은 분리하여 저장해야 한다. 달걀은 씻지 않고 냉장 상태로 별도의 투명 비닐이나 뚜껑을 씌워 보관한다.

2. 매장관리

1) 매장의 기계와 기구 관리

(1) 냉장·냉동고와 제빙기

주 1회 이상 청소하고 온도를 주기적으로 측정, 기록한다. 식기 세척기는 바닥에서 최소한 15 cm 이상 위에 설치한다.

얼음용 스쿱은 제빙기 내부에 보관하지 말고 소독기와 같은 위생적인 통에 넣어 보관한다. 제빙기는 적어도 한 달에 한 번 세척, 소독하여 세균이 번식하지 않도록 한다.

(2) 세척과 살균

식품 등의 제조·가공·조리에 직접 사용되는 기계·기구 및 식기는 사용 후에 세척·살균하는 등 항상 청결하게 유지·관리해야 하며, 어류·육류·채소류를 취급하는 칼과 도마는 각각 구분하여 사용해야 한다.

(3) 마른행주와 젖은 행주 구분

사용하는 행주는 오염물 제거와 소독용 행주로 구분하여 사용하며, 사용 후에는 반드시 열탕 소독하거나, 염소 소독한 뒤 건조하여 사용한다.

(4) 전자레인지

항상 청결하게 관리하고, 전자레인지용 용기만 사용한다. 빨대, 컵 등은 입이 닿는 부분을 손으로 잡지 말고 중간 부분을 잡아서 제공하고, 뚜껑이 있는 용기에 담아 사용한다.

(5) 자외선 소독기

램프 성능을 확인하고 램프 교체 주기를 관리한다.

(6) 냉·온수 디스펜서 또는 정수기

실외나 직사광선이 비추는 장소, 화장실과 가까운 장소, 냉·난방기 앞 등에는 설치하지 말아야 한다. 정수 필터는 정기적으로 교체하고, 6개월마다 1회 이상 물과 접촉하는 부분을 고온·고압 증기 소독 방법 등으로 청소 소독을 시행한다. 또한 정수된 물이라도 기온이 올라가는 여름철에는 일반 세균이 번식할 우려가 크므로 1개월에 2~3회 청소 및 소독을 반드시 해야 한다.

(7) 스쿠프Scoop

얼음용 스쿠프는 제빙기 안에 보관하지 말아야 하고 반드시 스쿠프용 스테인리스나 깨끗한 용기에 따로 보관하여 사용할 때마다 꺼내 쓰도록 한다. 또한 제빙기는 정기적으로 세척, 소독하여 얼음 관리를 청결히 하도록 한다.

2) 시설과 설비

(1) 바닥

바닥은 배수가 잘되고 내수 처리와 미끄러지지 않는 재질이어야 한다. 바닥은 오물이 끼지 않도록 매일 깨끗이 청소하고, 청소 후에는 건조된 상태를 유지하도록 하며 정기적인 소독을 실시한다.

(2) 창문과 문, 천장 등 구조물

창문이나 출입구는 반드시 방충망을 설치하여 해충이나 곤충의 침입을 막고 2개월에 1회 이상 물로 청소하여 청결을 유지한다. 벽과 천장은 먼지 또는 기름때가 잘 부착하지 않는 자재와 구조로 되어 있어야 하며 곤충이나 미생물이 번식하지 않도록 철저히 관리한다.

(3) 환기시설

환기가 원활하게 이루어질 수 있도록 충분한 환기시설을 설치한다. 에어컨 또는 온풍기의 공기 흡입구와 필터는 정기적으로 씻는다. 쓰레기통은 뚜껑이 있어야 하며 청결하게 관리한다.

3) 고객 응대와 서비스

(1) 바리스타

바리스타Barista란 'Bar 안에 있는 사람'이란 의미로 에스프레소를 추출하고 음료를 제조하는 사람을 말한다. 좋은 원두의 선택과 관리, 고객의 취향을 만족시키기 위해 서비스 부분도 신경을 써야 한다.

(2) 바리스타의 위생

식음료를 다루는 모든 사람은 개인 위생에 신경을 써야 한다. 과한 장신구나 향수는 사용하지 말아야 한다. 커피는 특히 향에 민감한 음료이므로 향수나 향이 있는 핸드크림의 사용은 지양해야 한다. 또 메뉴를 제조하면서 바로바로 주변을 정리하여 청결을 유지하도록 한다.

(3) 고객 응대

고객 응대와 서비스에 있어서 과한 친절이나 눈길은 좋지 않다. 손님과 가벼운 대화나 미소 정도는 활력을 주지만 과한 응대는 부정적 요인을 발생시키기도 한다. 고객의 불만을 접했을 때는 최대한 고객이 원하는 것을 기준에 맞게 응대하고, 과한 리필 강요나 특정 재료에 대한 과한 요청에 대해서는 맛과 원가 상승에 영향을 미칠 수 있으므로 제조법에 맞게 조절하여 응대한다.

참고문헌

국내문헌

가와구치 스미코 저, 김민영 역(2012), 커피는 과학이다, 섬앤섬
강란기·박미영(2012), 커피 바리스타 이론, 도서출판유강
권대옥(2012), 권대옥의 핸드드립 커피, 이오디자인
기브리엘라 바이구에라 저, 김희정 역(2010), Coffee & Caffè, J&P
김관중·박승국(2006), 커피 원두의 배전공정 중 변화되는 주요 화학성분에 대한 연구, 한국식품과학회지 38(2): 153-158
김근영(2011), SERI 경영노트 커피 한 잔에 담긴 사회 경제상 제113호
김기동·허중욱(2011), 소비자 커피 맛 선호요인 Q분석, 관광연구저널 25(3): 145-161
김미정·박지은·이주현·최나래·홍명희·표영희(2013), 시판 커피 한 컵에 함유된 생리활성 성분과 항산화활성, 한국식품과학회지 45(3): 299-304
김성윤(2004), 커피 이야기, 살림출판사
김윤태·홍기운·최주호·정강국(2011), 커피학 개론, 광문각
김은혜·이미주·이유나(2013. 4.), 대한민국은 커피공화국-1. 우먼센스
김일호·김종규·김지응(2012), 커피의 모든 것, 백산출판사
김훈태(2011), 핸드드립 커피 좋아하세요?, 갤리온
노봉수(2014), 우리 몸이 원하는 맛의 비밀, 예문당
농촌진흥청 국립농업과학원 농식품자원부(2011), 제8개정판 2011 식품성분표, 광문당
니나 루팅거·그레고리 디컴 공저, 이재경 역(2010), The Coffee Book: 커피 한 잔에 담긴 거의 모든 것에 대한 이야기, 도서출판사랑플러스
니시자와 치에코·귀엔 반 츄엔 공저, 이정기·이상규·김정희 공역(2011), 커피의 과학과 기능, 광문각
데이비드 쇼머 저, 김이선 역(2011), 에스프레소: 전문가를 위한 테크닉, 테라로사
문준웅(2008), 완전한 에스프레소, 커피의 이해, ㈜어이비라인·월간 COFFEE
스콧 라오 저, 송주빈 역(2008), 프로페셔널 바리스타, 주빈커피
스튜어트 리 앨런 저, 이창신 역(2005), 커피견문록, 이마고
신기욱(2011), 커피 마스터클래스, 북하우스엔
양동혁·구본철(2012), Basic & All About Coffee, 도서출판오샤
어희지(2017), 커피를 위한 물 이야기, 서울꼬뮨
윌리엄 H. 우커스 저, 박보경 역(2012), 올 어바웃 커피, 세상의아침
유대준(2009), Coffee Inside, 해밀&Co
이시와키 도모히로 저, 김민영 역(2012), 커피는 과학이다, 섬앤섬

장 니콜라스 윈트겐스 외 공저, 최익창 역(2015), 커피생두, 커피리브레
전광수·이승훈·서지연·송주은(2009), 기초 커피바리스타, 형설출판사
정해옥(2010), 커피사전, MJ미디어
제임스 호프만 저, 공민희 역(2015), 커피 아틀라스, 아이비라인
최범수(2010), 에스프레소 머신과 그라인더의 모든 것, 아이비라인
최성일(2008), 커피트레이닝 바리스타, 땅에쓰신글씨
커피교육연구원(2010), 커피기계관리학, 아카데미아
커피교육연구원(2012), 커피학개론, 아카데미아
탄베 유키히로 저, 윤선해 역(2017), 커피과학, 황소자리
하보숙·조미라(2012), 커피의 모든 것, 열린세상
하인리히 에두아르트 야콥 저, 남덕현 역(2013), 커피의 역사, 자연과생태
한국지리정보연구회(2006), 자연지리학사전, 한울아카데미
한국커피교육연구원(2012), 커피조리학, 아카데미아
한국커피전문가협회(2011), 바리스타가 알고 싶은 커피학, 교문사
허형만(2009), 허형만의 커피스쿨, 팜파스
호리구치 토시히데 저, 윤선해 역(2015), Specialty Coffee Tasting, 웅진리빙하우스
히로세 유키오 저, 장상문·이정기·김윤호·김옥영·한창환·유승권 공역(2011), 더 알고 싶은 커피학, 광문각
SCA, The Arabica Green Coffee Defect Guide(Edition No.3), Specialty Coffee Association
WCR, WCR Annual Report 2015

자료

간호학대사전, 1996. 3. 1. 대한간호학회
생명과학사전
식품과학기술대사전, 2008. 4. 10.
식품의약품안전처 www.mfds.go.kr/search/search.do
아로마 밸브 구성 www.hjpack.net
아로마 밸브: 소프트 팩
약생약술대전
에스프레소 머신 https://www.thecoffeebrewers.com/howesmawo.html
영양학사전, 1998. 3. 15. 채범석, 김을상
와인&커피 용어해설
자연지리학사전, 한국지리정보연구회, 2006. 5. 25., 한울아카데미
코피루왁 http://fortunaagromandiri.com Kopi-Luwak
표준한국어사전
COFFEE BASICS www.coffee-consulate.com
COFFEE TV 출판팀. WORLD LATTE ART BATTLE The 1st Odyssey. (주)채널씨, 2017
Wikipedia 사전

국외문헌

Adriana Farah (2012). *Coffee: Emerging Effects and Disease Prevention,* p.28, 38, John Wiley & Sons, Inc.

André Nkondjock (2009). Coffee consumption and the risk of cancer: An overview. *Cancer Letters* 277: 121-125

Andrea Illy & Rinantonio Viani (2005). *Espresso Coffee, The Science of Quality,* second edition. Elsevier Academic Press

Arab L. (2010). Epidemiologic evidence on coffee and cancer. *Nutr Cancer*, 62: 271-83

Arab L. et al. (2011). Gender Differences in Tea, Coffee, and Cognitive Decline in the Elderly: The Cardiovascular Health Study. *J Alzheimers Dis.* 27(3): 553-66

Belitz, H.-D., Grosch, W., & Schieberle, P. (2009). Coffee, tea, cocoa. In H.-D. Belitz, W. Grosch, & P. Schieberle (Eds.), *Food Chemistry,* 4th ed., pp.938-951

Clifford M.N. (1975). The composition of green and roasted coffee beans. *Proc. Biochem.* 5: 13-16

Costa J. et al. (2010). Caffeine exposure and the risk of Parkinson's disease: a systematic review and meta-analysis of observational studies. *J Alzheimers Dis,* 20: S221-38

Crozier T.W.M., Stalmach A., Lean M.E., & Crozier A. (2012). Espresso doffees, caffeine and chlorogenic acid intake: potential health implications. *Food Funct.* 3: 30-33

Dorea J. & da Costa T. (2005). Is coffee a functional food? *Brit. J. Nutr.* 93: 773-782

Fujioka K. & Shibamoto T. (2008). Chlorogenic acid and caffeine contents in various commercial brewed coffees. *Food Chem.* 106: 217-221

Galeone C. et al. (2010). Coffee consumption and risk of colorectal cancer: a meta-analysis of case-control studies. *Cancer Causes Control,* 21: 1949-59

Gardener H. et al. (2013). Coffee and Tea Consumption Are Inversely Associated with Mortality in a Multi-ethnic Urban Population. *The Journal of Nutrition,* 143(8): 1299-308

Geleijnse J.M. (2008). Habitual coffee consumption and blood pressure: An epidemiological perspective. *Vasc Health Risk Man,* 4(5): 963-970

Hatch E.E. et al. (2012). Caffeinated beverage and soda consumption and time to pregnancy. *Epidemiology,* 23(3): 393-401

Huxley R. et al. (2009). Coffee, Decaffeinated Coffee, and Tea Consumption in Relation to Incident Type 2 Diabetes Mellitus. *Archives of Internal Medicine,* 169: 2053-2063

Ivon Flament & Yvonne Bessière-Thomas (2002). *Coffee Flavor Chemistry,* John Wiley & Sons, LTD

Jane V. Higdon & Balz Frei (2006). Coffee and Health: A Review of Recent Human Research, *Critical Reviews in Food Science and Nutrition,* 46: 101-123

Johnson-Kozlow M. et al. (2002) Coffee consumption and cognitive function among older adults. *Am J. Epidemiol,* 156: 842-850

Jon Thorn (2006). *The Coffee companion,* Running Press Book Publisher

Kevin Knox & Julie Sheldon Huffaker (1997). *Coffee Basics,* John Wiley & Sons, INC.

Larsson S.C. et al. (2007). Coffee consumption and liver cancer: a meta-analysis. *Gastroenterology,*

132: 1740-1745

Lean M.E. & Crozier A. (2012). Coffee, caffeine and health: What's in your cup? *Maturitas* 72: 171-172

Leitzmann M.F. et al. (1999). A prospective study of coffee consumption and risk of symptomatic gallstone disease in men. *JAMA,* 281: 2106-2112

Leitzmann M.F. et al. (2002). Coffee intake is associated with lower risk of symptomatic gallstone disease in women. *Gastroenterol,* 123, 1823-1830

Link A., Balaguer F., & Goel A. (2010). Cancer chemoprevention by dietary polyphenols: Promising role for epigenetics. *Biochem. Pharmacol.* 80: 1771-1792

Lopez-Garcia E., van Dam R.M., Li T.Y., Rodriguez-Artalejo F., & Hu F.B. (2008). The Relationship of Coffee Consumption with Mortality. *Ann Intern Med.,* 148: 904-914

Lopez-Garcia E. et al. (2009). Coffee consumption and risk of stroke in women. *Circulation,* 119: 1116-1123

Mary Banks, Christine McFadden, & Catherine Atkinson (2002). *The World Encyclopedia of Coffee,* Lorenz Books

Masood Sadiq Butt & M. Tauseef Sultan (2011). Coffee and its Consumption: Benefits and Risks. *Critical Reviews in Food Science and Nutrition,* 51: 363-373

Melanie A. Heckman, Jorge Weil, & Elvira Gonzalez de Mejia (2010). Caffeine (1, 3, 7-trimethylxanthine) in Foods: A Comprehensive Review on Consumption, Functionality, Safety, and Regulatory Matters, *J of Food Science* 75(3): R77-R87

Merritt M.C. & Proctor B.E. (1975). Effect of temperature during the roasting cycle on selected components of different types of whole bean coffee. J. Sci. *Food Agric.* 14: 200-206

Michael N. Clifford (1985). Coffee: botany, biochemistry, and production of beans and beverage, Croom Helms. milk addition. *Food Chem.* 134: 1870-1877

Molloy J.W. et al. (2012). Association of coffee and caffeine consumption with fatty liver disease, non-alcoholic steatohepatitis, and degree of hepatic fibrosis. *Hepatology,* 55(2): 429-36

Moors L.C., Macrae R., & Grenenger D.M. (1951). Determination of trigonelline in coffee. *Anal. Chem.* 23: 327-331

Nkondjock A. (2009). Coffee consumption and the risk of cancer: an overview. *Cancer Letters,* 277: 121-5

Reiko Fumimotol, Eiko Sakai1, Yu Yamaguchi, Hiroshi Sakamoto, Yutaka Fukuma, Kazuhisa Nishishita, Kuniaki Okamoto, & Takayuki Tsukuba (2012). The Coffee Diterpene Kahweol Prevents Osteoclastogenesis via Impairment of NFATc1 Expression and Blocking of Erk Phosphorylation, *J Pharmacol Sci* 118, 479-486

Ruhl C.E. et al. (2000). Association of coffee consumption with gallbladder disease. *Am J Epidemiol,* 152: 1034-8

Santos C. et al. (2010). Caffeine intake and dementia: systematic review and meta-analysis. *J Alzheimers Dis,* 20: S187-204

Shimamoto T. et al. (2013). No association of coffee consumption with gastric ulcer, duodenal ulcer, reflux esophagitis, and non-erosive reflux disease: a cross-sectional study of 8,013 healthy subjects in Japan. *PLoS One,* 12: 8(6)

Smith A.P. (2005). Caffeine at work. *Hum Psychopharmacol,* 20: 441-5

Solange I. Mussatto, Ercília M. S. Machado, Silvia Martins, & Josè A. Teixeira (2011). Production, Composition, and Application of Coffee and Its Industrial Residues, *Food Bioprocess Technol* 4: 661-672

Speer K., Hruschka A., Kurzrock T, & Köling-Speer I. (2000). Diterpenes in coffee. In T.H. Parliment, C.T. Ho and P. Schieberls(eds), *Caffeinated Beverages, Health Benefits, physiological Effects, and Chemistry.* ACS symposium series No. 754. 241-251

Tawfik, M.S. & El Bader, N.A. (2005). Chemical Characterization of Harar and Berry Coffee Beans with Special Reference to Roasting Effect, *J of Food Technology* 3(4): 601-604

Tena N., Draženka K., Ana B.C., Dunja H., & Maja B. (2012). Bioactive composition and antioxidant potential of different commonly consumed coffee brews affected by their preparation technique and milk addition. *Food Chem.* 134: 1870-1877

Trugo L.C., Macrae R., & Dick J. (1983). Determination of purine alkaloids and trigonelline in instant coffee and other beverages using high performance liquid chromatography. *J. Sci. Food Agric.* 34: 300-306

Vignoli J.A., Bassoli D.G., & Benassi M.T. (2011). Antioxidant activity, polyphenols, caffeine and melanoidins in soluble coffee: the influence of processing conditions and raw material. *Food Chem.* 124: 863-868

World Health Organisation (2010). Mental and behavioural disorders. *International Statistical Classification of Diseases and Related Health Problems,* 10th Revision.

Wu J. et al. (2009). Coffee consumption and the risk of coronary heart disease: a meta-analysis of 21 prospective cohort studies. *Int J Cardiol,* 137: 216-225

Urgert R. & Katan M. B. (1996). The cholesterol-raising factor from coffee beans. *J R Med,* 89(11): 618-623

Yu X. et al (2011). Coffee consumption and risk of cancers: a meta-analysis of cohort studies. *BMC Cancer,* 11:96

Zhang Y. et al. (2011). Coffee consumption and the incidence of type 2 diabetes in men and women with normal glucose tolerance: The Strong Heart Study. *Nutr Metab Cardiovasc Dis,* 21: 418-423